Jingwei Zhao

Über die kritischen Werte der Rankin-Selberg-Faltungen

Jingwei Zhao

Über die kritischen Werte der Rankin-Selberg-Faltungen

Südwestdeutscher Verlag für Hochschulschriften

Impressum / Imprint
Bibliografische Information der Deutschen Nationalbibliothek: Die Deutsche Nationalbibliothek verzeichnet diese Publikation in der Deutschen Nationalbibliografie; detaillierte bibliografische Daten sind im Internet über http://dnb.d-nb.de abrufbar.
Alle in diesem Buch genannten Marken und Produktnamen unterliegen warenzeichen-, marken- oder patentrechtlichem Schutz bzw. sind Warenzeichen oder eingetragene Warenzeichen der jeweiligen Inhaber. Die Wiedergabe von Marken, Produktnamen, Gebrauchsnamen, Handelsnamen, Warenbezeichnungen u.s.w. in diesem Werk berechtigt auch ohne besondere Kennzeichnung nicht zu der Annahme, dass solche Namen im Sinne der Warenzeichen- und Markenschutzgesetzgebung als frei zu betrachten wären und daher von jedermann benutzt werden dürften.

Bibliographic information published by the Deutsche Nationalbibliothek: The Deutsche Nationalbibliothek lists this publication in the Deutsche Nationalbibliografie; detailed bibliographic data are available in the Internet at http://dnb.d-nb.de.
Any brand names and product names mentioned in this book are subject to trademark, brand or patent protection and are trademarks or registered trademarks of their respective holders. The use of brand names, product names, common names, trade names, product descriptions etc. even without a particular marking in this works is in no way to be construed to mean that such names may be regarded as unrestricted in respect of trademark and brand protection legislation and could thus be used by anyone.

Coverbild / Cover image: www.ingimage.com

Verlag / Publisher:
Südwestdeutscher Verlag für Hochschulschriften
ist ein Imprint der / is a trademark of
OmniScriptum GmbH & Co. KG
Heinrich-Böcking-Str. 6-8, 66121 Saarbrücken, Deutschland / Germany
Email: info@svh-verlag.de

Herstellung: siehe letzte Seite /
Printed at: see last page
ISBN: 978-3-8381-3982-1

Zugl. / Approved by: Karlsruhe, KIT, Diss., 2014

Copyright © 2014 OmniScriptum GmbH & Co. KG
Alle Rechte vorbehalten. / All rights reserved. Saarbrücken 2014

Inhaltsverzeichnis

Einleitung	3

1 Einführung — 7
  1.1 Größencharaktere von Zahlkörpern 8
    1.1.1 Arithmetische Größencharaktere 8
  1.2 Der Größencharakter $\psi_{E/K}$ zu E 10
    1.2.1 Multiplikation mit s 10
    1.2.2 Hauptsatz der komplexen Multiplikation 11
    1.2.3 Der zu E/F assoziierte Größencharakter 12
    1.2.4 Eigenschaften der Größencharaktere $\psi_{E/K}$ 14
  1.3 l-adısche Galoisdarstellungen 17
    1.3.1 Strikt kompatible Systeme l-adischer Darstellungen 17
    1.3.2 Tate-Twist einer Galoisdarstellung 19
    1.3.3 L-Funktionen zu strikt kompatiblen Systemen l-adischer Galoisdarstellungen 19
    1.3.4 Definition der komplexen L-Funktion zu $\text{Sym}^2 E \otimes E_{/\mathbb{Q}}$ 20
  1.4 Motive 21
    1.4.1 Motive über $\mathbb{Q}$ 21
    1.4.2 Die motivischen L-Funktionen 22
  1.5 p-adische Distributionen und Maße 23
    1.5.1 Die Iwasawa-Algebra 24
    1.5.2 p-adische Maße und Potenzreihen 24

2 Rankin-Selberg-L-Funktionen — 27
  2.1 Notationen und Voraussetzungen 27
  2.2 Darstellung als Produkt der Hecke-L-Funktionen 28
    2.2.1 Der zerlegte Fall $q = \mathfrak{q}\bar{\mathfrak{q}}$ 28
    2.2.2 Der träge Fall $q = \mathfrak{q}$ 31
    2.2.3 Der archimedische Fall 32
    2.2.4 Schlussfolgerung 35
    2.2.5 Rankin-Selberg-L-Funktionen mit Twists 36
  2.3 Eulerfaktoren an den Stellen schlechter Reduktion 36
  2.4 Vergleich der Eulerfaktoren 40

	2.5	Die komplexe Funktionalgleichung	43
	2.5.1	Erste Herangehensweise via Größencharaktere	43
	2.5.2	Motivische Herangehensweise	45
	2.5.3	Kritische Werte der L-Funktion $L(\mathrm{Sym}^2 E \otimes E_{/\mathbb{Q}}, s)$	46
	2.6	Komplexe und p-adische Perioden	46
	2.6.1	Die komplexe Periode Ω	46
	2.6.2	Die p-adische Periode	46
	2.7	Algebraizität der kritischen Werte	47

3 p-adische Interpolation 49

3.1		p-adische L-Funktionen in zwei Variablen	49
	3.1.1	Berechnung der Galoisgruppen	49
	3.1.2	Der Twist mit χ	54
	3.1.3	p-adische Interpolation in zwei Variablen	55
	3.1.4	Vorbereitende Berechnungen	58
	3.1.5	p-adische Interpolation	61
3.2		p-adische Funktionalgleichung	65
3.3		p-adische Interpolation mittels Theta-Reihen	69
	3.3.1	Theta-Reihen zu Größencharakteren	69
	3.3.2	p-adische L-Funktion zu $L(\mathrm{Sym}^2 E \otimes E_{/\mathbb{Q}}, s)$ mittels Θ-Reihen	71
	3.3.3	Interpolationseigenschaft	72
	3.3.4	Vergleich der Interpolationsergebnisse von de Shalit und von Mazur-Tate-Teitelbaum	74

Symbolverzeichnis 79

Index 81

Literaturverzeichnis 83

Einleitung

Die Theorie der L-Funktionen ist eines der faszinierendsten Gebiete in der Zahlentheorie, dabei sind die speziellen Werte der L-Funktionen ein bedeutendes Forschungsobjekt schon seit der Euler-Zeit.

Zu jedem Paar (π, σ) automorpher Darstellungen von $\mathrm{GL}_n(\mathbb{A})$ bzw. $\mathrm{GL}_{n-1}(\mathbb{A})$, wobei $\mathbb{A}$ den Adelring von $\mathbb{Q}$ bezeichne, kann man à la Jacquet, Piateski-Shapiro und Shalika eine sogenannte *Rankin-Selberg-L-Funktion*, gegeben als ein Eulerprodukt, zuordnen [JPSS83], welche gute analytische Eigenschaften besitzt. Seit Jahrzehnten haben es vielen Zahlentheoretikern die speziellen Werte der automorphen L-Funktionen, insbesondere auch der Rankin-Selberg-L-Funktionen, angetan. Man interessiert sich vor allem dafür, ob die infrage kommenden Werte, möglicherweise bis auf einen kanonischen komplexen multiplikativen Faktor algebraische Zahlen sind und wie man sie p-adisch interpolieren kann.

Im Rahmen des *Langlands-Programms* haben Gelbart und Jacquet vor etwa 40 Jahren eine Methode entwickelt, wie man aus einer automorphen Darstellung π der GL_2 eine automorphe Darstellung $\mathrm{Sym}^2(\pi)$ der GL_3 konstruiert und damit in diesem Fall die vermutete Langlands-Funktionalität gezeigt [GJ76].

Sei also $\sigma = \otimes_v \sigma_v$ eine cuspidale automorphe Darstellung von $\mathrm{GL}_2(\mathbb{A})$. Zu jeder unverzweigten lokalen Darstellung σ_v ist eine Konjugationsklasse in $\mathrm{GL}_2(\mathbb{C})$, auch *Satake-v-Parameter* genannt assoziiert. Es sei $b_v = \begin{pmatrix} \alpha & 0 \\ 0 & \beta \end{pmatrix}$ ein Vertreter dieser Konjugationsklasse. Dies definiert aber eine Konjugationsklasse in $\mathrm{GL}_3(\mathbb{C})$ mit dem Vertreter $a_v = \begin{pmatrix} \alpha^2 & 0 & 0 \\ 0 & \alpha\beta & 0 \\ 0 & 0 & \beta^2 \end{pmatrix}$. Für jede schlechte Stelle lässt sich ebenfalls ein Lift der lokalen Darstellung σ_v definieren (siehe Erklärung in nächsten Abschnitt). Das Theorem von Gelbart und Jacquet [GJ76] sichert uns die Existenz einer eindeutig bestimmten automorphen Darstellung π der GL_3, dem sogenannten *Gelbart-Jacquet-Lift*, für welchen die folgende Gleichung gilt:
$$L(\sigma, \mathrm{Sym}^2(\rho_2), s) = L(\pi, \rho_3, s),$$
wobei ρ_n die n-dimensionale Standarddarstellung der $\mathrm{GL}_n(\mathbb{C})$ ist für $n = 2, 3$.

Im Folgenden soll ein kurzer Einblick in den Liftungsprozess von Gelbart und Jacquet gegeben werden. Als Erstes betrachten wir die lokale Situation. Für jede endliche Primstelle v eines Zahlkörpers K sei W_v' die *Weil-Deligne-Gruppe* (siehe [Del73, §8.4] oder [Tat79, §4]) der Komplettierung K_v. Die automorphe Darstellung σ von $\mathrm{GL}_2(\mathbb{A}_K)$ ist das eingeschränkte

Tensorprodukt $\sigma = \otimes \sigma_v$, hierbei ist jede lokale Komponente σ_v zu einer zweidimensionalen Darstellung ρ_v von W'_v assoziiert.

Nun seien f die kanonische Projektion und g der von der Adjunktionsoperation von $\mathrm{PGL}_2(\mathbb{C})$ auf dem dreidimensionalen Vektorraum $M_2^{(0)}(\mathbb{C})$ der 2×2-Matrizen, deren Spur Null ist, induzierte Homomorphismus.

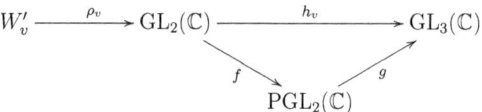

Wie das obige Diagramm veranschaulicht, ist die Komposition

$$h_v \circ \rho_v : \quad W'_v \longrightarrow \mathrm{GL}_3(\mathbb{C})$$

zu einer irreduziblen zulässigen Darstellung π_v der $\mathrm{GL}_3(K_v)$ assoziiert. Im Fall, dass die Darstellungen σ_v und π_v unverzweigt sind, hat π_v genau den gewünschten Satake-Parameter a_v. Führen wir diesen Liftungsprozess für jede lokale Komponente σ_v durch, so erhalten wir am Ende global die Darstellung $\pi = \otimes_v \pi_v$, welche gerade der Gelbart-Jacquet-Lift mit gewünschten Eigenschaften ist: Diese ist selbstdual, hat den trivialen Zentralcharakter und die dazugehörige L- bzw. ε-Funktion erfüllt die gewünschte Gleichung.

Unter allen Rankin-Selberg-L-Funktionen finden sich insbesondere auch diejenigen, die zu elliptischen Kurven gehören. Es seien E_1 und E_2 elliptische Kurven über $\mathbb{Q}$, insbesondere also modular, und seien π_1, π_2 die assoziierten cuspidalen automorphen Darstellungen der GL_2. Der Gelbart-Jacquet-Lift liefert eine automorphe Darstellung $\pi = \mathrm{Sym}^2(\pi_1)$ von GL_3 als Partner der Langlands-Korrespondenz, genauer ist die L-Funktion zum symmetrischen Quadrat $\mathrm{Sym}^2 E_1$ die L-Funktion der automorphen Darstellung π, und man studiert die speziellen Werte der Rankin-Selberg-L-Funktion $L(\pi, \pi_2, s)$. Im bisherigen Studium spezieller Werte der Rankin-Selberg-L-Funktionen wurde stets vorausgesetzt, dass die beteiligten automorphen Darstellungen cuspidal sind. Für getwistete Rankin-Selberg-L-Funktionen auf $\mathrm{GL}_n \times \mathrm{GL}_{n-1}$ zu cuspidalen Darstellungen wurden die speziellen Werte mithilfe von *modularen Symbolen* bereits gründlich untersucht, siehe [Sch93] für den Fall $n = 3$ und [KMS00], [Jan09] für $n \in \mathbb{N}$ beliebig.

Die Cuspidalität des Gelbart-Jacquet-Lifts π von π_1 ist aber gleichwertig damit, dass E_1 keine *komplexe Multiplikation* (kurz: CM) hat, vgl. [Sch93]. Gegenstand der vorliegenden Arbeit ist das Studium spezieller Werte der Rankin-Selberg-L-Funktion $L(\mathrm{Sym}^2 E \otimes E_{/\mathbb{Q}}, s)$ zu einer CM-Kurve E. Mit anderen Worten, wir diskutieren in dieser Arbeit den Fall $E_1 = E_2$ mit CM mit $\mathcal{O}_K$, dem Ganzheitsring eines imaginär quadratischen Zahlkörpers K, was auf der automorphen Seite einem nicht-cuspidalen Gelbart-Jacquet-Lift entspricht. Die Methode, die hier in der Arbeit verwendet wird, ist eine Anlehnung an die Methode von de Shalit [dS87]. Ausgangspunkt ist eine Faktorisierung

$$L(\mathrm{Sym}^2 E \otimes E_{/\mathbb{Q}}, s) = L(\psi_{E/K}^3, s) \cdot L(\psi_{E/K}^2 \bar{\psi}_{E/K}, s)^2,$$

welche es uns ermöglicht, die speziellen Werte auf bequemere Art und Weise, d. h. über Hecke-L-Funktionen zu Größencharakteren, zu studieren.

Die Arbeit gliedert sich wie folgt:

Im ersten Kapitel werden die grundlegende Terminologie und Begriffe zusammenfassend bereitgestellt, unter anderem wird definiert, was unter dem Begriff „arithmetische Größencharaktere" vom Unendlichtyp (k, j) zu verstehen ist. Wir untersuchen dann insbesondere die Eigenschaften der Größencharaktere, die zu elliptischen Kurven mit CM assoziiert sind, die relevant für unsere spätere Berechnung sind. Danach wird noch ein kurzer Überblick über die Iwasawa-Algebra und die p-adischen Distributionen gegeben.

Im zweiten Kapitel widmen wir uns der Darstellung unserer Rankin-Selberg-L-Funktion $L(\text{Sym}^2 E \otimes E_{/\mathbb{Q}}, s)$ als Produkt der Hecke-L-Funktionen, dabei werden die Eulerfaktoren von $L(\text{Sym}^2 E \otimes E_{/\mathbb{Q}}, s)$ an Stellen mit schlechter Reduktion detailliert untersucht. Wir haben:

$$L(\text{Sym}^2 E \otimes E_{/\mathbb{Q}}, s) = L(\psi_{E/K}^3, s) \cdot L(\psi_{E/K}^2 \bar{\psi}_{E/K}, s)^2.$$

Damit bestimmen wir die komplexe Funktionalgleichung für $L(\text{Sym}^2 E \otimes E_{/\mathbb{Q}}, s)$ und zeigen in diesem Zusammenhang, dass die von Deligne vermutete motivische Funktionalgleichung für unser spezielles Motiv $\text{Sym}^2 E \otimes E$ mit unserer Funktionalgleichung

$$L(\text{Sym}^2 E \otimes E_{/\mathbb{Q}}, s) = W \cdot (-N)^{6-3s} \cdot L(\text{Sym}^2 E \otimes E_{/\mathbb{Q}}, 4-s)$$

bis auf den ε-Faktor übereinstimmt, wobei N den Führer von $E/\mathbb{Q}$ bezeichne. Dann berechnen wir die kritischen Werte von der L-Funktion $L(\text{Sym}^2 E \otimes E_{/\mathbb{Q}}, s)$ und erhalten unter Anwendung des Algebraizitätssatzes von Damerell [Dam70] eine Algebraizitätsaussage:

$$\frac{2\pi}{\sqrt{d_K}} \cdot \frac{L^{(\infty)}(\text{Sym}^2 E \otimes E_{/\mathbb{Q}}, 2)}{\Omega_D^5} \in K. \tag{0.1}$$

mit einer gewissen komplexen Konstanten Ω_D, wobei $L^{(\infty)}$ das finite Teil der betreffenden L-Funktion bezeichne.

Im Anschluss befassen wir uns im dritten Kapitel mit der p-adischen Interpolation, welche die Standardmodifikationen der kritischen L-Werte $L(\text{Sym}^2 E \otimes E_{/\mathbb{Q}} \otimes \chi, 2)$ interpoliert, wobei χ ein nichttrivialer Charakter von $\text{Gal}(\mathbb{Q}(\mu_{p^\infty})/\mathbb{Q})$ endlicher Ordnung mit dem Führer $p^n (n \in \mathbb{N})$ ist. Das Ergebnis lautet:

$$\Omega_p \int_{\text{Gal}(\mathbb{Q}(\mu_{p^\infty})/\mathbb{Q})} \chi(x)^{-1} \langle x \rangle d\mu(x)$$
$$= \frac{\Omega_{\text{dS}}}{(2\pi)^3 \sqrt{d_K}} \cdot \frac{\psi_{E/K}^n(\mathfrak{p})}{p^{4n}} \cdot G(\chi^{-1})^3 \cdot L^{(\infty)}(\text{Sym}^2 E \otimes E_{/\mathbb{Q}} \otimes \chi, 2).$$

für ein geeignetes Maß $d\mu$ auf $\text{Gal}(\mathbb{Q}(\mu_{p^\infty})/\mathbb{Q})$, eine gewisse p-adische Konstante Ω_p und eine gewisse komplexe Konstante Ω_{dS}. Wir leiten die p-adische Funktionalgleichung

$$\int_{\text{Gal}(\mathbb{Q}(\mu_{p^\infty})/\mathbb{Q})} \chi(x)^{-1} \langle x \rangle d\mu(x) = W_\chi \cdot \frac{\psi_{E/K} \psi_{E/K}^{*-4} \chi_{/K}^{-3}(\sigma_{-\delta})}{\psi_{E/K}^{-4} \psi_{E/K}^* \chi_{/K}^3(\sigma_\delta)} \cdot \int_{\text{Gal}(\mathbb{Q}(\mu_{p^\infty})/\mathbb{Q})} \chi(x) \langle x \rangle d\mu(x)$$

her. Zum guten Schluss diskutieren wir noch eine weitere Möglichkeit, p-adische Interpolation durchzuführen, nämlich über Theta-Reihen und vergleichen die verschiedenen Methoden.

Für die ganze Arbeit wählen wir einen festen algebraischen Abschluss $\overline{\mathbb{Q}}$ von $\mathbb{Q}$ und betrachten alle Zahlkörper als Teilkörper von $\overline{\mathbb{Q}}$. Des Weiteren fixieren wir eine Einbettung von $\overline{\mathbb{Q}}$ in $\mathbb{C}$ und eine Einbettung von $\mathbb{C}$ in $\mathbb{C}_p$, der Komplettierung vom algebraischen Abschluss von $\mathbb{Q}_p$.

Abschließend möchte ich diese Gelegenheit nutzen, um meinen tiefen Dank an eine Vielzahl von Menschen, die mich auf meinem Weg begleitet und unterstützt haben, zum Ausdruck zu bringen.

Zunächst möchte ich meinem Doktorvater, Herrn Prof. Dr. Schmidt, ganz herzlich danken für die Themenstellung und für sehr hilfreiche, inspirierende und verständnisvolle Diskussionen und Gespräche. Dem Privatdozenten Herrn Dr. Kühnlein, der mich in meiner Arbeit bestärkt und ermutigt hat, schulde ich ebenfalls recht herzlichen Dank für die Übernahme des Koreferats und seine ständige Hilfsbereitschaft.

Ein sehr großer Dank geht an die gesamte Arbeitsgruppe für die freundliche Arbeitsatmosphäre und den regen, inspirierenden fachlichen Austausch sowie das Korrekturlesen. Besonderen Dank schulde ich Dipl.-Inform. Tobias Columbus für seine äußerst geduldige und professionelle Hilfe bei komplizierten LaTeX-Problemen.

Des Weiteren gebührt mein herzlicher Dank der Deutschen Telekom Stiftung, die mir drei Jahre lang mit finanzieller und ideeller Förderung im Rahmen ihres Stipendiatenprogramms tatkräftig zur Seite stand und mich stets bestärkt hat.

Mein ganz besonderer Dank gilt Prof. Dr. Edmund Boschitz und Dr. Eckhard Klenkler. Auch möchte ich mich bei Nora, Mari, Aina und Carlos sehr herzlich bedanken.

Diese Dissertation möchte ich meinen Eltern widmen, die mich während meines ganzen Studiums stets so liebevoll und uneingeschränkt in jeder Hinsicht unterstützt haben. Ohne sie wäre diese Arbeit unmöglich gewesen.

Kapitel 1

Einführung

In diesem Kapitel dienen als generelle Referenz [Sil86], [Sil94] und [Wei86].

Seien im Folgenden
F = ein Zahlkörper,
$\mathcal{O}_F$ = Ganzheitsring von F,
$F^{\mathfrak{a}}$ = Strahlklassenkörper von F modulo $\mathfrak{a}$, $\mathfrak{a} \triangleleft \mathcal{O}_F$,
I_F = Idelgruppe von F,
P_F = Gruppe der gebrochenen Hauptideale von F,
J_F = Idealgruppe von F,
$J^{\mathfrak{a}}$ = Gruppe der zu $\mathfrak{a}$ teilerfremden gebrochenen Ideale, $\mathfrak{a} \triangleleft \mathcal{O}_F$,
$\mathcal{O}_{\mathfrak{P}}$ = Bewertungsring der Komplettierung $F_{\mathfrak{P}}$ für ein von Null verschiedenes Primideal $\mathfrak{P}$ von $\mathcal{O}_F$,
$U_{\mathfrak{P}}^{(n)}$ = n-te Einseinheitengruppe von $F_{\mathfrak{P}}$,
$[s, F^{\mathrm{ab}}/F]$ = Normrestsymbol des Idels $s \in I_F$.

Wir definieren wie in [Neu92, VI. §1]:

$$U_{\mathfrak{P}}^{(n_{\mathfrak{P}})} := \begin{cases} 1 + \mathfrak{P}^{n_{\mathfrak{P}}}, & \text{falls } \mathfrak{P} \nmid \infty \text{ und } n_{\mathfrak{P}} > 0, \\ \mathcal{O}_{\mathfrak{P}}^{\times}, & \text{falls } \mathfrak{P} \nmid \infty \text{ und } n_{\mathfrak{P}} = 0, \\ \mathbb{R}_+^{\times} \subset F_{\mathfrak{P}}^{\times}, & \text{falls } \mathfrak{P} \text{ reell ist}, \\ \mathbb{C}^{\times} = F_{\mathfrak{P}}^{\times}, & \text{falls } \mathfrak{P} \text{ komplex ist.} \end{cases}$$

Und wir setzen $I_F^{\mathfrak{h}} := \prod_{\mathfrak{P}} U_{\mathfrak{P}}^{(n_{\mathfrak{P}})}$ für ein ganzes Ideal $\mathfrak{h}$ von $\mathcal{O}_F$, wobei $n_{\mathfrak{P}} = v_{\mathfrak{P}}(\mathfrak{h})$ für $\mathfrak{P} \nmid \infty$ ist.

In der ganzen Arbeit schreiben mir mit
L die vollständige L-Funktion,
L_{∞} den Gamma-Faktor der L-Funktion,
$L^{(\infty)}$ die L-Funktion ohne Gamma-Faktor,
$L^{(S)}$ die L-Funktion ohne Eulerfaktoren an $v \in S$ für eine endliche Menge S der Stellen.

1.1 Größencharaktere von Zahlkörpern

Definition 1.1. (i) Ein *Größencharakter* des Zahlkörpers F ist ein stetiger Homomorphismus

$$\chi : I_F \longrightarrow \mathbb{C}^\times$$

der trivial auf den Hauptidelen ist, d. h. es gilt $\chi(F^\times) = 1$. Sei $\mathfrak{P}$ ein Primideal von F. χ heißt *unverzweigt* bei $\mathfrak{P}$, wenn[1]

$$\chi(\mathcal{O}_\mathfrak{P}^\times) = 1.$$

(ii) Für jedes Primideal $\mathfrak{P}$ von F sei $n_\mathfrak{P}$ die kleinste nichtnegative ganze Zahl, derart dass $\chi\left(U_\mathfrak{P}^{(n_\mathfrak{P})}\right) = 1$. Dann heißt das Ideal

$$\mathfrak{f}_\chi = \prod_{\mathfrak{P} \nmid \infty} \mathfrak{P}^{n_\mathfrak{P}}$$

der *Führer* des Größencharakters χ.

Bemerkung. Die Untergruppen $U_\mathfrak{P}^{(n)}$, $n \geq 0$, bilden eine Umgebungsbasis des Einselementes in $\mathcal{O}_\mathfrak{P}^\times$. $\mathcal{O}_\mathfrak{P}^\times$ ist kompakt und total unzusammenhängend, daher verschwindet χ auf einer dieser Untergruppen (vgl. [Wei67, VII. 3, Le. 3.4]).

Feststellung 1.2. *Aus der obigen Definition folgt:*
(i) χ ist unverzweigt bei $\mathfrak{P} \iff \mathfrak{P} \nmid \mathfrak{f}_\chi$.
(ii) Sei ein Ideal $\mathfrak{h} \neq 0$ von $\mathcal{O}_F$ durch $\mathfrak{f}_\chi$ teilbar. Dann gilt $\chi(x) = 1$ für alle endlichen Idele (d. h. $x_\mathfrak{P} = 1$ für alle $\mathfrak{P}|\infty$) in $I_F^\mathfrak{h}$.

Jeder Größencharakter χ mit Führer $\mathfrak{f}_\chi$ induziert einen Charakter auf $J^{\mathfrak{f}_\chi}$ wie folgt: Für jedes zu $\mathfrak{f}_\chi$ teilerfremde Primideal $\mathfrak{P}$ wählen wir ein Primelement $\pi_\mathfrak{P}$ von $F_\mathfrak{P}$ und definieren einen Homomorphismus

$$v : J^{\mathfrak{f}_\chi} \longrightarrow I_F, \quad \mathfrak{P} \longmapsto (\ldots, 1, \pi_\mathfrak{P}, 1, \ldots). \tag{1.1}$$

Das Kompositum $J^{\mathfrak{f}_\chi} \xrightarrow{v} I_F \xrightarrow{\chi} \mathbb{C}^\times$ ist ein wohldefinierter Charakter auf $J^{\mathfrak{f}_\chi}$, den wir wieder mit χ bezeichnen. Die Wohldefiniertheit beruht auf der Tatsache, dass χ unverzweigt bei $\mathfrak{P}$ ist und daher $\chi \circ v(\mathfrak{P})$ nicht von der Wahl von $\pi_\mathfrak{P}$ abhängt.

1.1.1 Arithmetische Größencharaktere

Wir betrachten nunmehr eine besondere Klasse der Größencharaktere, die 1947 von A. Weil unter dem Namen „Größencharaktere vom Typ A_0" eingeführt wurde, die in der Literatur *arithmetische* oder auch *algebraische Größencharaktere* genannt werden.

---

[1] $\mathcal{O}_\mathfrak{P}^\times$ und $U_\mathfrak{P}^{(n)}$ in (ii) werden kanonisch in I_F eingebettet: $a_\mathfrak{P} \longmapsto (\ldots, 1, a_\mathfrak{P}, 1, \ldots)$.

1.1. GRÖSSENCHARAKTERE VON ZAHLKÖRPERN

Zu einem Zahlkörper F seien

$$\tau_i : F \to \mathbb{R}, \quad i = 1, \ldots, r,$$

alle reellen Einbettungen und

$$\sigma_j : F \to \mathbb{C}, \quad j = 1, \ldots, s,$$

ein Halbsystem der komplexen Einbettungen, und wir schreiben

$$\mathrm{Hom}(F, \mathbb{C}) := \{\tau_1, \ldots, \tau_r, \sigma_1, \ldots, \sigma_s, \bar{\sigma}_1, \ldots, \bar{\sigma}_s\},$$

für die Menge aller Einbettungen $F \hookrightarrow \mathbb{C}$, wobei $\bar{}$ die komplexe Konjugation bezeichne.

Definition 1.3. Ein Größencharakter χ heißt *vom Typ A_0* bzw. *arithmetisch*, falls Zahlen $g_i, a_\sigma \in \mathbb{Z}$ existieren, sodass

$$\chi(\alpha_f) = \prod_{i=1}^{r} \mathrm{sgn}(\tau_i(\alpha))^{g_i} \cdot \prod_{\sigma \in \mathrm{Hom}(F, \mathbb{C})} \sigma(\alpha)^{a_\sigma} \quad \text{für alle } \alpha \in F^\times,$$

hierbei sei α_f das Idel mit α an endlichen Stellen und Einsen an unendlichen Stellen.

Die arithmetischen Größencharaktere von F bilden eine multiplikative abelsche Gruppe. Es sei erwähnt, dass der Wertebereich eines arithmetischen Größencharakters stets in einem CM-Körper liegt.

Arithmetische Größencharaktere kann man nach ihren Unendlichtypen klassifizieren:

Definition 1.4. Für einen arithmetischen Größencharakter χ von F heißt das Tupel $(a_\sigma)_\sigma$ der *Unendlichtyp* von χ.

Bemerkung. Nach [Sch84, I. 1, (6)] ist χ genau dann vom Unendlichtyp $(a_\sigma)_\sigma$, wenn:

$$\chi(\alpha_f) = \prod_{i=1}^{r} \mathrm{sgn}(\tau_i(\alpha))^{g_i} \cdot \prod_{\sigma \in \mathrm{Hom}(F, \mathbb{C})} \sigma(\alpha)^{a_\sigma} \quad \text{für alle } \alpha \in F^\times \text{ mit}^2 \; \alpha \equiv 1 \bmod^\times \mathfrak{f}_\chi,$$

wobei $\mathfrak{f}_\chi$ der Führer von χ ist.

Ein wichtiges Beispiel für arithmetische Größencharaktere ist der zu einer elliptischen Kurve assoziierte Größencharakter: Ist E/F eine über einem Zahlkörper F definierte elliptische Kurve mit CM mit $\mathcal{O}_K$, dem Ganzheitsring eines imaginär quadratischen Zahlkörpers $K \subset F$, dann kann man E einen Größencharakter $\psi_{E/F} : I_F \to \mathbb{C}^\times$ zuordnen. Näheres dazu siehe die nächsten Abschnitte.

---
[2] $\alpha \equiv 1 \bmod^\times \mathfrak{f}_\chi$ bedeutet, dass α Quotient b/c zweier ganzer, zu $\mathfrak{f}_\chi$ teilerfremder Elmente mit $b \equiv c \bmod \mathfrak{f}_\chi$ ist.

1.2 Der Größencharakter $\psi_{E/K}$ zu E

1.2.1 Multiplikation mit s

Seien in diesem Abschnitt

K = ein imaginär quadratischer Zahlkörper,
$\mathcal{O}_K$ = Ganzheitsring von K,
$E/\mathbb{C}$ = eine elliptische Kurve mit CM mit $\mathcal{O}_K$, d. h. $\text{End}(E) \cong \mathcal{O}_K$,

Sei $(\,\cdot\,)$ der Homomorphismus von I_K nach J_K, der jedem Idel x das Ideal $(x) = \prod_{\mathfrak{p} \nmid \infty} \mathfrak{p}^{v_\mathfrak{p}(x_\mathfrak{p})}$ zuordnet. Zu jedem $\mathfrak{a} \in J_K$ und jedem $s \in I_K$ definieren wir *Multiplikation mit* s:

$$s: K/\mathfrak{a} \longrightarrow K/(s)\mathfrak{a}, \quad x + \mathfrak{a} \longmapsto v + (s)\mathfrak{a}$$

mit einem $v \in K$ derart, dass

$$v \equiv s_\mathfrak{p} x \mod (s)_\mathfrak{p} \mathfrak{a}_\mathfrak{p} \quad \text{für alle Primstellen } \mathfrak{p} \nmid \infty\,.$$

Dank des chinesischen Restsatzes ist v modulo $(s)\mathfrak{a}$ eindeutig bestimmt und somit ist Multiplikation mit s wohldefiniert. Aus den natürlichen Isomorphismen

$$K/\mathfrak{a} \cong \bigoplus_\mathfrak{p} K_\mathfrak{p}/\mathfrak{a}_\mathfrak{p} \quad \text{und} \quad K/(s)\mathfrak{a} \cong \bigoplus_\mathfrak{p} K_\mathfrak{p}/s_\mathfrak{p}\mathfrak{a}_\mathfrak{p}$$

ersieht man, dass diese Abbildung durch folgendes kommutatives Diagramm festgelegt ist:

$$\begin{array}{ccc} K/\mathfrak{a} & \stackrel{s}{\longrightarrow} & K/(s)\mathfrak{a} \\ \downarrow & & \downarrow \\ \bigoplus_\mathfrak{p} K_\mathfrak{p}/\mathfrak{a}_\mathfrak{p} & \longrightarrow & \bigoplus_\mathfrak{p} K_\mathfrak{p}/s_\mathfrak{p}\mathfrak{a}_\mathfrak{p} \\ (t_\mathfrak{p}) & \longmapsto & (s_\mathfrak{p} t_\mathfrak{p})\,. \end{array}$$

Lemma 1.5. *Sei $\mathfrak{a}$ ein gebrochenes und $\mathfrak{h} \neq 0$ ein ganzes Ideal von K.*
(i) Ist s ein Idel in $I_K^{\mathfrak{h}}$, dann induziert Multiplikation mit s.[3] $K/\mathfrak{a} \longrightarrow K/\mathfrak{a}$ die identische Abbildung auf $\mathfrak{h}^{-1}\mathfrak{a}/\mathfrak{a}$. Anders ausgedrückt, es gilt

$$st = t \quad \text{für alle } t \in \mathfrak{h}^{-1}\mathfrak{a}/\mathfrak{a}\,.$$

(ii) Ist $s \in I_K$ ein Idel mit den Eigenschaften

$s_\mathfrak{p} = 1$ *für alle Primstellen* $\mathfrak{p} \mid \mathfrak{h}$ *und* $s_\mathfrak{p}^{-1} \in \mathcal{O}_\mathfrak{p}$ *für alle anderen endlichen Primstellen* $\mathfrak{p}$,

dann induziert Multiplikation mit s eine Abbildung

$$\mathfrak{h}^{-1}\mathfrak{a}/\mathfrak{a} \longrightarrow \mathfrak{h}^{-1}(s)\mathfrak{a}/(s)\mathfrak{a}, \quad \eta \mod \mathfrak{a} \longmapsto \eta \mod (s)\mathfrak{a}\,.$$

---
[3] Wegen $(s) = \mathcal{O}_K$ ist dies ein Endomorphismus von $K/\mathfrak{a}$.

Beweis. (i) Aufgrund der Tatsache, dass $\mathfrak{h}_\mathfrak{p} = \mathcal{O}_\mathfrak{p}$ für alle $\mathfrak{p} \nmid \mathfrak{h}$, gilt für die kanonische Zerlegung von $\mathfrak{h}^{-1}\mathfrak{a}/\mathfrak{a}$ in $\mathfrak{p}$-primäre Komponenten

$$\mathfrak{h}^{-1}\mathfrak{a}/\mathfrak{a} \xrightarrow{\sim} \bigoplus_\mathfrak{p} (\mathfrak{h}^{-1}\mathfrak{a}/\mathfrak{a})_\mathfrak{p} \cong \bigoplus_\mathfrak{p} \mathfrak{h}_\mathfrak{p}^{-1}\mathfrak{a}_\mathfrak{p}/\mathfrak{a}_\mathfrak{p} = \bigoplus_{\mathfrak{p} \mid \mathfrak{h}} \mathfrak{h}_\mathfrak{p}^{-1}\mathfrak{a}_\mathfrak{p}/\mathfrak{a}_\mathfrak{p}.$$

Die Einschränkung der Multiplikation mit s auf $\mathfrak{h}^{-1}\mathfrak{a}$ ist nun festgelegt durch das kommutative Diagramm

$$\begin{array}{ccc} \mathfrak{h}^{-1}\mathfrak{a}/\mathfrak{a} & \xrightarrow{s} & \mathfrak{h}^{-1}\mathfrak{a}/\mathfrak{a} \\ \downarrow & & \downarrow \\ \bigoplus_{\mathfrak{p} \mid \mathfrak{h}} \mathfrak{h}_\mathfrak{p}^{-1}\mathfrak{a}_\mathfrak{p}/\mathfrak{a}_\mathfrak{p} & \longrightarrow & \bigoplus_{\mathfrak{p} \mid \mathfrak{h}} \mathfrak{h}_\mathfrak{p}^{-1}\mathfrak{a}_\mathfrak{p}/\mathfrak{a}_\mathfrak{p} \\ (t_\mathfrak{p}) & \longmapsto & (s_\mathfrak{p} t_\mathfrak{p}). \end{array}$$

Wegen $v_\mathfrak{p}(s_\mathfrak{p} - 1) \geq v_\mathfrak{p}(\mathfrak{h})$ und $t_\mathfrak{p} \in \mathfrak{h}_\mathfrak{p}^{-1}\mathfrak{a}_\mathfrak{p}$ gilt $s_\mathfrak{p} t_\mathfrak{p} \equiv t_\mathfrak{p} \bmod \mathfrak{a}_\mathfrak{p}$. Wir können also $(s_\mathfrak{p} t_\mathfrak{p}) = (t_\mathfrak{p})$ nehmen für jede $\mathfrak{p}$-Komponente mit $\mathfrak{p} \mid \mathfrak{h}$. Dies bedeutet nichts anderes, als dass s gerade die Identität auf $\mathfrak{h}^{-1}\mathfrak{a}/\mathfrak{a}$ ist.

(ii) Es ist klar, dass $\mathfrak{h}^{-1}\mathfrak{a}/\mathfrak{a}$ in $\mathfrak{h}^{-1}(s)\mathfrak{a}/(s)\mathfrak{a}$ abgebildet wird und weil $(s)^{-1}$ der Voraussetzung nach ein ganzes Ideal ist, liegt $\mathfrak{h}^{-1}\mathfrak{a}$ auch in $\mathfrak{h}^{-1}(s)\mathfrak{a}$. Wie in (i) wird die Multiplikation mit s auf $\mathfrak{h}^{-1}\mathfrak{a}/\mathfrak{a}$ festgelegt durch

$$\begin{array}{ccc} \bigoplus_{\mathfrak{p} \mid \mathfrak{h}} \mathfrak{h}_\mathfrak{p}^{-1}\mathfrak{a}_\mathfrak{p}/\mathfrak{a}_\mathfrak{p} & \longrightarrow & \bigoplus_{\mathfrak{p} \mid \mathfrak{h}} \mathfrak{h}_\mathfrak{p}^{-1} s_\mathfrak{p}\mathfrak{a}_\mathfrak{p}/s_\mathfrak{p}\mathfrak{a}_\mathfrak{p} \\ (t_\mathfrak{p}) & \longmapsto & (s_\mathfrak{p} t_\mathfrak{p}). \end{array}$$

$s_\mathfrak{p}$ ist aber $=1$ bei allen $\mathfrak{p} \mid \mathfrak{h}$, dies zeigt (ii). $\square$

1.2.2 Hauptsatz der komplexen Multiplikation

Seien K und $E/\mathbb{C}$ wie oben.

Theorem 1.6 (Hauptsatz der CM). *Seien $\sigma \in \mathrm{Aut}(\mathbb{C})$, $\mathfrak{a}$ ein gebrochenes Ideal im K und $s \in I_K$ ein Idel mit $[s, K^{\mathrm{ab}}/K] = \sigma|_{K^{\mathrm{ab}}}$. Ist f ein analytischer Isomorphismus*

$$f : \mathbb{C}/\mathfrak{a} \xrightarrow{\sim} E(\mathbb{C}),$$

so existiert ein durch f und σ eindeutig bestimmter analytischer Isomorphimus

$$f' : \mathbb{C}/(s^{-1})\mathfrak{a} \xrightarrow{\sim} E^\sigma(\mathbb{C}),$$

sodass das folgende Diagramm kommutiert:

$$\begin{array}{ccc} K/\mathfrak{a} & \xrightarrow{s^{-1}} & K/(s^{-1})\mathfrak{a} \\ \downarrow f & & \downarrow f' \\ E_{\mathrm{tors}} & \xrightarrow{\sigma} & E^\sigma_{\mathrm{tors}}. \end{array}$$

Für einen expliziten Beweis des Theorems verweisen wir auf [Sil94, II. 8, Th. 8.2] und [Shi71, §5. 3.].

Bemerkung. Der Hauptsatz der CM ermöglicht eine analytische Beschreibung der (algebraischen) Operation von σ auf der Torsionsuntergruppe $f(K/\mathfrak{a}) = E_{\text{tors}}$ vermöge Multiplikation mit s^{-1}:
$$f(u)^\sigma = f'(s^{-1}u) \quad \text{für alle } u \in K/\mathfrak{a} \text{ und } s \in I_K.$$

Sei H der Hilbertklassenkörper[4] von K und $j(E)$ die j-Invariante von E.

Korollar 1.7. *Es gilt:*
(i) $K(j(E)) = H$.
(ii) $j(E)$ ist ganz in H.
(iii) Es gibt eine zu E isomorphe Kurve E', welche über H definiert ist.

Beweis. Siehe [Rub99, Kor. 5.12, Kor. 5.13], [Sil94, II. 4, Th. 4.1] und auch [Sil86, III. 1, Prop. 1.4]. □

1.2.3 Der zu E/F assoziierte Größencharakter

Es sei E über dem Zahlkörper F definiert.

Theorem 1.8. *Es sei x ein Idel in I_F und $s = N_{F/K}(x)$ dessen Norm in I_K. Dann existiert ein eindeutig bestimmtes $\alpha = \alpha_{E/F}(x) \in K^\times$ mit den Eigenschaften*
(i) $\alpha \mathcal{O}_K = (s)$,
(ii) Für jedes gebrochene Ideal $\mathfrak{a}$ von K und jeden analytischen Isomorphismus
$$f : \mathbb{C}/\mathfrak{a} \longrightarrow E(\mathbb{C})$$
kommutiert das folgende Diagramm

$$\begin{array}{ccc} K/\mathfrak{a} & \xrightarrow{\alpha s^{-1}} & K/\mathfrak{a} \\ \downarrow f & & \downarrow f \\ E_{\text{tors}} & \xrightarrow{[x, F^{\text{ab}}/F]} & E_{\text{tors}}. \end{array}$$

Bemerkung. (1) Da $K(j(E), E_{\text{tors}})/K(j(E))$ eine abelsche Erweiterung ist (vgl. [Sil94, II. 2, Th. 2.3]) und $j(E)$ in F liegt, ist $F(E_{\text{tors}})$ abelsch über F, $K/\mathfrak{a}$ landet also unter f tatsächlich in $E(F^{\text{ab}})$.
(2) Es ist $K \subset K(j(E)) = H \subset F$, wobei H den Hilbertklassenkörper von K bezeichnet. Nach dem Hauptidealsatz ist $N_{F/K}(J_F) = N_{H/K}(N_{F/H}(J_F)) \subset N_{H/K}(J_H) = P_K$. Daher gibt es ein $\alpha \in K^\times$ mit $\alpha \mathcal{O}_K = (s) = (N_{F/K}(x))$, welches bis auf eine Einheitswurzel in K eindeutig bestimmt ist.
(3) αs^{-1} ist ein Endomorphismus auf $K/\mathfrak{a}$, denn nach Definition von α ist
$$\alpha s^{-1}\mathfrak{a} = \alpha(s^{-1})\mathfrak{a} = \alpha(s)^{-1}\mathfrak{a} = \mathfrak{a}.$$

---
[4]Für den total komplexen Zahlkörper K ist der kleine Hilbertklassenkörper gleich dem großen, der maximalen unverzweigten abelschen Erweiterung von K.

1.2. DER GRÖSSENCHARAKTER $\psi_{E/K}$ ZU E

Der Beweis des Theorems 1.8 findet sich in [Sil94, II. 9]. Aus diesem Theorem gewinnen wir einen wohldefinierten Homomorphismus $\alpha_{E/F} : I_F \longrightarrow K^\times \subset \mathbb{C}^\times$, den wir für die Konstruktion des folgenden Größencharakters benötigen.

Theorem 1.9. *Der Homomorphismus*
$$\psi_{E/F} : I_F \longrightarrow \mathbb{C}^\times, \quad x \longmapsto \alpha_{E/F}(x)(N_{F/K}(x^{-1}))_\infty$$
ist ein Größencharakter von F, $\psi_{E/F}$ heißt der zu E/F assoziierte Größencharakter. Ist $\mathfrak{P}$ ein Primideal von F, dann gilt

$$\psi_{E/F} \text{ ist unverzweigt bei } \mathfrak{P} \iff E \text{ hat gute Reduktion bei } \mathfrak{P}.$$

Ist L eine endliche Erweiterung von F und wird E als eine über L definierte elliptische Kurve angesehen, so ist der zu E/L assoziierte Größencharakter ψ_L gegeben durch $\psi_L = \psi_{E/F} \circ N_{L/F}$.

Beweis. Die Formel $\psi_L = \psi_{E/F} \circ N_{L/F}$ ergibt sich aus der Konstruktion des assoziierten Größencharakters und der wohlbekannten Eigenschaft der Normabbildung $N_{L/K} = N_{F/K} \circ N_{L/F}$. Den restlichen Beweis findet sich in [Sil94, II. 9] bzw. [Deu53]. □

Ist E insbesondere die zum Gitter $\mathcal{L} = \Omega\mathfrak{d}$ gehörige elliptische Kurve mit $\Omega \in \mathbb{C}^\times$ und $\mathfrak{d} \in J_K$, gegeben durch eine Weierstraßsche Gleichung
$$y^2 = 4x^3 - g_2 x - g_3,$$
und $\xi(\cdot, \mathcal{L}) : \mathbb{C}/\mathcal{L} \xrightarrow{\sim} E(\mathbb{C}) \subset \mathbb{P}^2(\mathbb{C})$ der analytischer Isomorphismus gegeben durch[5]:

$$z + \mathcal{L} \longmapsto \begin{cases} (\wp(z), \wp'(z), 1), & \text{falls } z \notin \mathcal{L}, \\ (0, 1, 0), & \text{falls } z \in \mathcal{L}, \end{cases} \quad (1.2)$$

vgl. [Sil86, VI. 3.], so haben wir die folgende Konsequenz aus dem obigen Theorem, wovon wir später Gebrauch machen werden: Die Operation von $[x, F^{\mathrm{ab}}/F]$ für ein $x \in I_F$ auf E_{tors} wird durch das nachstehende Diagramm beschrieben

$$\begin{array}{ccc} K/\mathfrak{d} & \xrightarrow{\psi_{E/F}(x)s_\infty s^{-1}} & K/\mathfrak{d} \\ \downarrow{\scriptstyle \xi(\Omega \cdot (-), \mathcal{L})} & & \downarrow{\scriptstyle \xi(\Omega \cdot (-), \mathcal{L})} \\ E_{\mathrm{tors}} & \xrightarrow{[x, F^{\mathrm{ab}}/F]} & E_{\mathrm{tors}} \end{array} \quad (1.3)$$

mit $s = N_{F/K}(x) \in I_K$. Mit anderen Worten, es gilt
$$\xi(u, \mathcal{L})^{[x, F^{\mathrm{ab}}/F]} = \xi\left(\psi_{E/F}(x)s_\infty \Omega \cdot s^{-1}(u/\Omega), \mathcal{L}\right) \quad (1.4)$$
für alle $u \in \Omega K/\mathfrak{d}$.

Wir fassen $\psi_{E/F}$ nun als einen Charakter der Gruppe der zu $\mathfrak{f}_E := \mathfrak{f}_{\psi_{E/F}}$ teilerfremden gebrochenen Ideale auf.

---
[5]$\wp(z) = \wp(z, \mathcal{L})$ bezeichne die Weierstraßsche $\wp(z)$-Funktion zum Gitter $\mathcal{L}$.

Satz 1.10. *Der Größencharakter $\psi_{E/F}$ besitzt die folgenden Eigenschaften:*
(i) $\psi_{E/F}(\mathcal{C})\mathcal{O}_K = N_{F/K}(\mathcal{C})$ für alle zum Führer $\mathfrak{f}_E$ von $\psi_{E/F}$ teilerfremden Ideale $\mathcal{C}$ von $\mathcal{O}_F$.
Insbesondere gilt für $\mathcal{C} = (c)$, $c \in F^\times$

$$\psi_{E/F}((c)) = \varepsilon(c) N_{F/K}(c)$$

mit einer von c abhängigen 12-ten Einheitswurzel $\varepsilon(c)$ in K.
(ii) Sei $\mathfrak{h} \triangleleft \mathcal{O}_K$ nichttrivial und $\mathcal{C} \triangleleft \mathcal{O}_F$ teilerfremd zu $\mathfrak{h}\mathfrak{f}_E$. Dann operiert das Artinsymbol $\sigma_\mathcal{C}$ bzgl. der Körpererweiterung $F(E_\mathfrak{h})/F$ auf $E_\mathfrak{h}$ per Multiplikation mit $\psi_{E/F}(\mathcal{C})$:

$$P^{\sigma_\mathcal{C}} = \psi_{E/F}(\mathcal{C})P \quad \text{für alle } P \in E_\mathfrak{h}.$$

Beweis. (i) Das vermöge des Homomorphismus v (siehe (1.1)) dem Ideal $\mathcal{C}$ zugeordnete Idel ist ein endliches Idel. Nach Konstruktion von $\psi_{E/F}$ ist somit der erste Teil der Aussage (i) klar[6].

(ii) Es genügt, (ii) für ein beliebiges Primideal $\mathfrak{P}$ zu zeigen. Zuerst ist wegen der guten Reduktion von E bei $\mathfrak{P}$ und Teilerfremdheit von $\mathfrak{h}$ und $\mathfrak{P}$ die Erweiterung $F(E_\mathfrak{h})/F$ unverzweigt bei $\mathfrak{P}$. Daher ist das Artinsymbol $\sigma_\mathfrak{P}$ bzgl. der Erweiterung $F(E_\mathfrak{h})/F$ wohldefiniert. Sei $x = v(\mathfrak{P}) \in I_F$ und $s = N_{F/K}(x)$, es ist $s_\infty = 1$. Wegen $(\mathfrak{P}, \mathfrak{h}) = 1$ ist offenbar $s_\mathfrak{p} = 1$ für alle $\mathfrak{p} \mid \mathfrak{h}$. Wir wenden dann Lemma 1.5 (ii) und die Formel (1.4) an, unter Beachtung der Tatsache, dass $\sigma_\mathfrak{P} = [x, F(E_\mathfrak{h})/F]$ und $\psi_{E/F}(\mathfrak{P}) = \psi_{E/F}(x)$. □

1.2.4 Eigenschaften der Größencharaktere $\psi_{E/K}$

Wir wollen den Rest dieses Abschnittes genauen Untersuchungen des Größencharakters $\psi_{E/K}$ zu einer bereits über K definierten elliptischen Kurve E mit CM mit $\mathcal{O}_K$ widmen.

Lemma 1.11. *Sei $\mathfrak{f}_E$ der Führer von $\psi_{E/K}$. Dann ist $\psi_{E/K}$ vom Typ $(1,0)$, d. h. es gilt:*

$$\psi_{E/K}(\alpha_f) = \alpha \quad \text{für alle } \alpha \in K \text{ mit } \alpha \equiv 1 \bmod^\times \mathfrak{f}_E.$$

Beweis. Der Beweis erfolgt in zwei Schritten.
1. Schritt. Sei $\alpha \in K$ mit $\alpha \equiv 1 \bmod^\times \mathfrak{f}_E$. Dazu definieren wir drei Idele x, y und $z \in I_K$ wie folgt:

$$x_\mathfrak{p} = \begin{cases} \alpha, & \text{falls } \mathfrak{p} \nmid \mathfrak{f}_E \text{ und } \mathfrak{p} \nmid \infty, \\ 1, & \text{sonst;} \end{cases}$$

$$y_\mathfrak{p} = \begin{cases} 1, & \text{falls } \mathfrak{p} \nmid \infty, \\ \alpha, & \text{sonst;} \end{cases}$$

---

[6] Für die Einheitengruppe $\mathcal{O}_K^\times$ kommen bekanntlich nur drei Fälle vor:
1) $K = \mathbb{Q}(\sqrt{-1})$, $\mathcal{O}_K = \mathbb{Z}[i]$, $\mathcal{O}_K^\times = \{\pm 1, \pm i\}$,
2) $K = \mathbb{Q}(\zeta)$, $\zeta = e^{2\pi i/3}$, $\mathcal{O}_K = \mathbb{Z}[\zeta]$, $\mathcal{O}_K^\times = \{\pm 1, \pm \zeta, \pm \zeta^2\}$,
3) $\mathcal{O}_K^\times = \{\pm 1\}$ sonst.

1.2. DER GRÖSSENCHARAKTER $\psi_{E/K}$ ZU E

$$z_\mathfrak{p} = \begin{cases} \alpha, & \text{falls } \mathfrak{p} \mid \mathfrak{f}_E, \\ 1, & \text{sonst.} \end{cases}$$

Mit Blick auf Feststellung 1.2 (ii) haben wir dann

$$\psi_{E/K}(x) = \psi_{E/K}(\alpha_f), \quad \psi_{E/K}(z) = 1 \quad \text{und} \quad \psi_{E/K}(xyz) = \psi_{E/K}(\alpha) = 1,$$

wobei in der letzten Gleichung α die kanonische diagonale Einbettung von α in I_K bedeuten soll. Diese Gleichung gilt, weil der Größencharakter $\psi_{E/K}$ definitionsgemäß trivial auf den Hauptidelen operiert. Daraus folgt:

$$\psi_{E/K}(y) = \psi_{E/K}(\alpha_f)^{-1}.$$

Zum Beweis der Aussage (i) genügt es hiervon $\psi_{E/K}(y) = \alpha^{-1}$ nachzuweisen.

2. Schritt. Jeder Teilungspunkte $\xi(u) \in E_{\text{tors}} \subset E(K^{\text{ab}})$ wird von dem Artinsymbol $[y, K^{\text{ab}}/K]$ festgelassen. Andererseits besagt aber Gleichung (1.4), dass

$$\xi(u) = \xi(u)^{[y, K^{\text{ab}}/K]} = \xi\left(\psi_{E/K}(y)\alpha \cdot y^{-1}u\right) = \xi(\psi_{E/K}(y)\alpha \cdot u) \tag{1.5}$$

für alle $\xi(u) \in E_{\text{tors}}$, denn da alle nichtarchimedischen Komponenten von y trivial sind, so folgt aus Lemma 1.5

$$y^{-1}u = u.$$

Die Relation (1.5) besteht aber für alle $\xi(u) \in E_{\text{tors}}$, daher erzwingt dies $\psi_{E/K}(y)\alpha = 1$. □

Zum Schluss dieses Abschnittes zeigen wir noch ein Lemma, welches die Galoisoperation auf gewissen Teilungspunkten auf E mittels des Größencharakters $\psi_{E/K}$ beschreibt.

Proposition 1. *Seien $\mathfrak{a}$ ein gebrochenes und $\mathfrak{b}$ ein von Null verschiedenes ganzes Ideal von K. Ist $s \in I_K^\mathfrak{b}$ ein Idel mit*

$$s_\mathfrak{p} = 1 \quad \text{für alle Primideale } \mathfrak{p} \mid \mathfrak{b},$$

so induziert die Multiplikation mit $s : K/\mathfrak{a} \longrightarrow K/\mathfrak{a}$ die identische Abbildung auf $\mathfrak{b}^{-1}\mathfrak{a}/\mathfrak{a}$. Mit anderen Worten, es gilt:

$$st = t \quad \text{für alle } t \in \mathfrak{b}^{-1}\mathfrak{a}/\mathfrak{a}.$$

Beweis. Dies folgt direkt aus Lemma 1.5. □

Lemma 1.12. *Es sei $\mathfrak{b}$ ein nichttriviales Ideal von $\mathcal{O}_K$.*
(i) Für jedes endliche Idel $s \in I_K^\mathfrak{b}$ mit $s_\mathfrak{p} = 1$ für alle Primideale $\mathfrak{p} \mid \mathfrak{b}$ operiert der Galoisautomorphismus $[s, K^{\text{ab}}/K]$ per Multiplikation mit $\psi_{E/K}(s)$ auf $E[\mathfrak{b}]$, d. h. es gilt

$$P^{[s, K^{\text{ab}}/K]} = \psi_{E/K}(s)P \quad \text{für alle } P \in E[\mathfrak{b}].$$

(ii) Dieselbe Aussage gilt auch für jedes zu $\mathfrak{f}_E$ und $\mathfrak{b}$ teilerfremde Ideal $\mathfrak{h}$ von $\mathcal{O}_K$, dessen Primidealteiler in $K(E[\mathfrak{b}])/K$ unverzweigt sind. D. h., es gilt[7] :

$$P^{\sigma_\mathfrak{h}} = \psi_{E/K}(\mathfrak{h})P \quad \text{für alle } P \in E[\mathfrak{b}].$$

---
[7]Das Normrestsymbol $\sigma_\mathfrak{h}$ ist bzgl. der Erweiterung $K(E[\mathfrak{b}])/K$.

Beweis. (i) Die Funktion $\xi(\Omega \cdot (-)) := \xi(\Omega \cdot (-), \mathcal{L}) : \mathbb{C}/\mathfrak{d} \longrightarrow E(\mathbb{C})$ ist ein komplexer analytischer Isomorphismus. Unter Beachtung von $s_\infty = 1$ und $E_{\text{tors}} \subset E(K^{\text{ab}})$ erhalten wir aus (1.2) mit $x = s$ das folgende kommutative Diagramm:

$$\begin{array}{ccc} K/\mathfrak{d} & \xrightarrow{\psi_{E/K}(x)s^{-1}} & K/\mathfrak{d} \\ \downarrow {\scriptstyle \xi(\Omega\cdot(-))} & & \downarrow {\scriptstyle \xi(\Omega\cdot(-))} \\ E_{\text{tors}} & \xrightarrow{[s, K^{\text{ab}}/K]} & E_{\text{tors}} \end{array} \qquad (1.6)$$

Für jeden $\mathfrak{b}$-Teilungspunkt η von $\mathcal{L} = \Omega \mathfrak{d}$ ist $\eta/\Omega \in \mathfrak{b}^{-1}\mathfrak{d}$. Zusammen mit Proposition 1 ergibt das obige Diagramm

$$\begin{aligned} \xi(\eta)^{[s, K^{\text{ab}}/K]} = \xi(\Omega \cdot \eta/\Omega)^{[s, K^{\text{ab}}/K]} &= \xi(\Omega \cdot \psi_{E/K}(s) \cdot s^{-1}(\eta/\Omega)) \\ &\stackrel{1.12}{=} \xi(\Omega \cdot \psi_{E/K}(s) \cdot (\eta/\Omega)) \\ &= \xi(\psi_{E/K}(s)\eta) \\ &= \psi_{E/K}(s)\xi(\eta). \end{aligned}$$

Somit ist die erste Aussage bewiesen.

(ii) Das ist die idealtheoretische Fassung von der Aussage (i). $\qquad \square$

Aus der Surjektivität des idealtheoretischen Artinsymbols schließen wir, dass zu jedem $\sigma \in \text{Gal}(K(E[\mathfrak{p}^n])/K), n \in \mathbb{N}$, ein endliches Idel $x \in I_K$ gibt mit $x_\mathfrak{p} = 1$ und $[x, K(E[\mathfrak{p}^n])/K] = \sigma$. Übergang zum induktiven Limes liefert:

Folgerung 1.13. *Ist $\mathfrak{p}$ ein von Null verschiedenes Primideal von $\mathcal{O}_K$, dann gibt es zu jedem $\sigma \in \text{Gal}(K(E[\mathfrak{p}^\infty])/K)$ ein endliches Idel $x \in I_K$ mit $x_\mathfrak{p} = 1$ und folgender Eigenschaft:*

$$P^\sigma = \psi_{E/K}(x)P \quad \text{für alle } P \in E[\mathfrak{p}^\infty].$$

Folgerung 1.14. *Für jedes von Null verschiedene, durch $\mathfrak{f}_E$ teilbare Ideal $\mathfrak{b}$ von $\mathcal{O}_K$ ist $K(E[\mathfrak{b}]) = K^\mathfrak{b}$.*

Beweis. Der klassischen Theorie der CM [Shi71], [Zha08, Satz 1.13] entnimmt man zunächst

$$K^\mathfrak{b} \subset K(j(E), E[\mathfrak{b}]) = K(E[\mathfrak{b}]),$$

weil E über K definiert ist und folglich $j(E) \in K$. Sei nun τ ein $\mathfrak{b}$-Teilungspunkt von E. Laut Lemma 1.12 (i) operiert jedes endliche Idel $x \in I_K^\mathfrak{b}$ per Multiplikation mit $\psi_{E/K}(x)$ auf $E[\mathfrak{b}]$; gleichzeitig überzeugen wir uns leicht, dass $x_\infty = 1$ und $x \in I_K^\mathfrak{b} \subset I_K^{\mathfrak{f}_E}$, da $\mathfrak{f}_E | \mathfrak{b}$, $\psi_{E/K}(x) = 1$ impliziert (siehe Feststellung 1.2 (ii)). Wir erhalten also insgesamt

$$\xi(\tau)^{[x, K^{\text{ab}}/K]} = \psi_{E/K}(x)\xi(\tau) = \xi(\tau).$$

Da σ_x gerade die Untergruppe $G(K^{\text{ab}}/K^\mathfrak{b})$ von $G(K^{\text{ab}}/K)$ bilden, zeigt dies die umgekehrte Inklusion $K(E[\mathfrak{b}]) \subset K^\mathfrak{b}$. $\qquad \square$

1.3 l-adische Galoisdarstellungen

In diesem Abschnitt sei K ein algebraischer Zahlkörper[8] und $\overline{K}$ ein separabler algebraischer Abschluss. Die dazu gehörige Galoisgruppe $G := \text{Gal}(\overline{K}/K)$ sei versehen mit der Krull-Topologie. Weiter sei l eine rationale Primzahl und V ein endlichdimensionaler $\mathbb{Q}_l$-Vektorraum.

Definition 1.15. Eine l-adische Darstellung der Galoisgruppe G ist ein stetiger Homomorphismus $\rho : G \to \text{Aut}(V)$.

Zu einer beliebigen endlichen Primstelle v von K fixieren wir eine über v liegende Primstelle w von $\overline{K}$. Wir bezeichnen den zugehörigen Restklassenkörper mit $\mathbb{F}_w$, die Zerlegungsgruppe mit D_w und die Trägheitsgruppe mit I_w. Ein (arithmetisches) *Frobeniuselement* Frob_w für v in $\text{Gal}(\overline{K}/K)$ ist ein (beliebiges) Urbild des Frobeniusautomorphismus $\varphi_w : x \mapsto x^{q_v}$ unter der Surjektion $D_w \twoheadrightarrow \text{Gal}(\mathbb{F}_w/\mathbb{F}_v)$ mit $q_v = |\mathbb{F}_v|$. Eine l-adische Darstellung ρ heißt *unverzweigt* bei v, wenn die Trägheitsgruppe I_w mit $w|v$ in $\text{Kern}(\rho)$ liegt.

1.3.1 Strikt kompatible Systeme l-adischer Darstellungen

Definition 1.16. Ein kompatibles System l-adischer Darstellungen von G ist eine Familie $(\rho_l)_{l \in \mathbb{P}}$ stetiger Darstellungen ρ_l von G auf endlichdimensionalen $\mathbb{Q}_l$-Vektorräumen V_l, sodass es eine endliche Menge S der endlichen Primstellen von K gibt mit folgenden Eigenschaften:

(a) ρ_l ist unverzweigt an allen endlichen Stellen $v \notin S$, deren Restklassenkörpercharakteristik von l verschieden ist.

(b) (**Kompatibilitätsbedingung**) Für l, v mit $v \nmid l$ besitzt das charakteristische Polynom $P_{v,l}(T)$ vom Bild $\rho_l(\text{Frob}_w)$ des Frobenius auf $V_l^{I_v}$ die folgenden Eigenschaften:

(b1) $P_{v,l}(T) \in \mathbb{Q}[T]$.

(b2) $P_v(T) := P_{v,l}(T)$ hängt nur von der Primstelle v ab. Dies impliziert insbesondere die Unabhängigkeit der Dimension von V_l von der Primzahl l (zur Unabhängigkeit an den Stellen mit schlechter Reduktion siehe [ST68, Thm. 3, Thm. 6]).

(c) Alle Eigenwerte von $\rho_l(\text{Frob}_w)$ haben für jede komplexe Einbettung den Absolutbetrag $q_v^{k/2}$ für ein festes $k \in \mathbb{Z}$. Wir sagen, das System $(\rho_l)_l \in \mathbb{P}$ ist dann *rein vom Gewicht* k.

Beispiel 1.17. Ein wichtiges Beispiel l-adischer Galoisdarstellungen sind diejenigen, die zu abelschen Varietäten assoziiert sind.

Sei A eine abelsche Varietät der Dimension g über K. Die absolute Galoisgruppe G operiert auf
$$A[l^n] := \{P \in A(\overline{K}) \mid [l^n]P = O\} \cong (\mathbb{Z}/l^n\mathbb{Z})^{2g},$$

---
[8] Allgemeiner können wir einen beliebigen globalen Körper nehmen.

der Gruppe der l^n-Torsionspunkte auf $A(\overline{K})$.

Wir schreiben
$$T_l(A) := \varprojlim A[l^n] \cong \mathbb{Z}_l^{2g}$$
$$V_l(A) := T_l(A) \otimes_{\mathbb{Z}_l} \mathbb{Q}_l \cong \mathbb{Q}_l^{2g},$$

und definieren die (erste) l-adische étale Kohomologie
$$H^1_{\text{ét}}(A, \mathbb{Q}_l) := \text{Hom}_{\mathbb{Q}_l}(V_l(A), \mathbb{Q}_l).$$

Damit ist $H^1_{\text{ét}}(A, \mathbb{Q}_l) := H^1_l(A)$ ein $2g$-dimensionaler $\mathbb{Q}_l$-Vektorraum, auf welchem G stetig operiert:
$$\rho_l: \quad G \longrightarrow \text{Aut}\left(H^1_l(A)\right).$$

Das System $(\rho_l)_l$ dieser Galoisdarstellungen ist strikt kompatibel im Sinne von Serre [Ser68], [ST68].

Beispiel 1.18. Sei X eine glatte eigentliche algebraische Varietät über K. Nach Deligne [Del74], [Del80] ist die l-adische Kohomologie $H^w_{\text{ét}}(X \times_K \overline{K}, \mathbb{Q}_l)$ ist ein strikt kompatibles System vom Gewicht w, wobei S die Menge der Primstellen mit schlechter Reduktion für X bezeichne.

Beispiel 1.19. Der zyklotomische Charakter
Zu einer Primzahl l betrachten wir den Tate-Modul der multiplikativen Gruppe $\mathbb{G}_m$
$$T_l(\mu) := \varprojlim \mu_{l^n} \quad \text{und} \quad V_l(\mu) := T_l(\mu) \otimes_{\mathbb{Z}_l} \mathbb{Q}_l,$$

versehen mit der natürlichen G-Struktur. Es gelten offenbar $T_l(\mu) \cong \mathbb{Z}_l$ und $V_l(\mu) \cong \mathbb{Q}_l$. Die G-Struktur induziert eine eindimensionale stetige Galoisdarstellung:
$$\chi_l: \quad \text{Gal}(\overline{\mathbb{Q}}/\mathbb{Q}) \longrightarrow \text{Aut}(T_l(\mu)) \cong \mathbb{Z}_l^\times,$$

die wir den *l-adischen zyklotomischen Charakter* nennen. Für ein festes $\sigma \in \text{Gal}(\overline{\mathbb{Q}}/\mathbb{Q})$ und ein festes $n \in \mathbb{N}$ sei ζ_n eine primitive p^n-te Einheitswurzel und $\zeta_n^{a_{\sigma,n}}$ sein Bild unter σ, $a_{\sigma,n} \in (\mathbb{Z}/p^n\mathbb{Z})^\times$. Dann ist $\chi_l(\sigma) = \varprojlim a_{\sigma,n}$, falls $(\zeta_n)_n \in T_l(\mu)$.
Die zyklotomischen Charaktere $\{\chi_l\}$ bilden ein strikt kompatibles System l-adischer Darstellungen von G, vgl. Serre [Ser68].
Der zyklotomische Charakter χ_l ist surjektiv, und er ist der einzige Charakter $\text{Gal}(\overline{\mathbb{Q}}/\mathbb{Q}) \to \mathbb{Z}_l^\times$, der außerhalb von l und ∞ unverzweigt ist mit der Eigenschaft
$$\chi_l(\text{Frob}_p) = p \quad \text{für alle } p \neq l.$$

1.3.2 Tate-Twist einer Galoisdarstellung

Wir schreiben
$$\mathbb{Z}_l(1) := T_l(\mu), \quad \mathbb{Q}_l(1) := V_l(\mu) = \mathbb{Z}_l(1) \otimes_{\mathbb{Z}_l} \mathbb{Q}_l,$$
und weiter für beliebiges $n \in \mathbb{N}_0$
$$\mathbb{Q}_l(n) := \mathbb{Q}_l(1)^{\otimes n}, \quad \mathbb{Q}_l(-n) := \mathrm{Hom}_{\mathbb{Q}_l}(\mathbb{Q}_l(n), \mathbb{Q}_l).$$

Definition 1.20. Es sei V eine l-adische Darstellung der Galoisgruppe G. Das Tensorprodukt
$$V(n) := V \otimes_{\mathbb{Q}_l} \mathbb{Q}_l(n)$$
heißt der (n-te) Tate-Twist von V.

Wie man leicht erkennt, ist $V(n) = V \otimes_{\mathbb{Q}_l} \chi_l^n$.

1.3.3 L-Funktionen zu strikt kompatiblen Systemen l-adischer Galoisdarstellungen

Zu einem strikt kompatiblen System $\rho = (\rho_l)_l$ l-adischer Galoisdarstellungen von $G = \mathrm{Gal}(\overline{K}/K)$ können wir nun eine L-Funktion wie folgt zuordnen:

Zu jeder endlichen Primstelle v von K und einer beliebigen über v liegenden Primstelle w von $\overline{K}$ seien Z_w und I_w jeweils die Zerlegungsgruppe und die Trägheitsgruppe von w in G. Weiter seien Frob_w ein Frobenius zu w und q_v die Restklassenkörperkardinalität zu v. Da die Konjugationsklasse von $\rho_l(\mathrm{Frob}_w)$ in $\mathrm{Aut}(V_l)$ nur von v abhängt, bezeichnen wir diese mit Frob_v.

Der lokale Eulerfaktor $L_v(\rho, T)$ bei v ist definiert als das Inverse zu
$$D_v(T) := \det\left(1 - \rho_l(\mathrm{Frob}_v^{-1})T \mid V_l^{I_v}\right) \quad \text{für } v \nmid l.$$

Wegen der strikten Kompatibilität von $(\rho_l)_l$ hängt das Polynom $D_v(T)$ nicht von der Wahl von l ab, außerdem gilt $D_v(T) \in \mathbb{Q}[T]$ (vgl. [Ser77, Kap. 1]). Die globale L-Funktion ist definiert als Produkt der lokalen Eulerfaktoren:
$$L^{(\infty)}(\rho, s) = \prod_{v \nmid \infty} L_v(\rho, q_v^{-s}).$$

Bemerkung. Sei χ ein beliebiger Charakter von $\mathrm{Gal}(\overline{\mathbb{Q}}/\mathbb{Q})$. Da wir eine feste Einbettung $\overline{\mathbb{Q}} \hookrightarrow \mathbb{C}$ und einen festen Isomorphismus $\overline{\mathbb{Q}}_l \cong \mathbb{C}$ fixiert haben, ist $\rho \otimes \chi = (\rho_l \otimes \chi)_l$ wieder ein strikt kompatibles System l-adischer Darstellungen und das entsprechende Eulerprodukt lässt sich ebenfalls wie oben definieren.

1.3.4 Definition der komplexen L-Funktion zu $\mathrm{Sym}^2 E \otimes E_{/\mathbb{Q}}$

Für diesen Abschnitt sei $E/\mathbb{Q}$ eine elliptische Kurve mit CM mit $\mathcal{O}_K$, K sei ein imaginär quadratischer Zahlkörper. Des Weiteren legen wir für die ganze Arbeit die folgende Normierung fest:

Wir setzen für eine beliebige Primzahl l

$$T_l(E) := \varprojlim E[l^n], \quad V_l(E) := T_l(E) \otimes_{\mathbb{Z}_l} \mathbb{Q}_l.$$

Die Involution

$$\tau : V_l(E)^{\otimes 2} \longrightarrow V_l(E)^{\otimes 2}, \quad x \otimes y \longmapsto y \otimes x$$

induziert eine Zerlegung von $V_l(E)^{\otimes 2}$ in die direkte Summe der ± 1-Eigenräume von τ:

$$V_l(E)^{\otimes 2} = \mathrm{Sym}^2(V_l(E)) \oplus \mathrm{Alt}^2(V_l(E)).$$

Der 3-dimensionale 1-Eigenraum $\mathrm{Sym}^2(V_l(E))$ heißt das *symmetrische Quadrat* von $V_l(E)$.

Sei nun F ein beliebiger Zahlkörper und $\mathfrak{p}$ ein von Null verschiedenes Primideal von $\mathcal{O}_F$ und $\bar{\mathfrak{p}}$ ein über $\mathfrak{p}$ gelegenes Primideal von $\mathcal{O}_{\overline{F}}$. Die absolute Galoisgruppe $\mathrm{Gal}(\overline{F}/F)$ operiert auf $V_l(E)$. Es bezeichnen $Z_\mathfrak{p}$ und $I_\mathfrak{p}$ die Zerlegungsgruppe bzw. die Trägheitsgruppe von $\bar{\mathfrak{p}} \mid \mathfrak{p}$ in $\overline{F}/F$.

Der modulo $I_\mathfrak{p}$ eindeutig bestimmte Automorphismus in $Z_\mathfrak{p}$, den wir als $\mathrm{Frob}_\mathfrak{p}$ schreiben, mit der Eigenschaft

$$\mathrm{Frob}_\mathfrak{p}(a) \equiv a^q \mod \bar{\mathfrak{p}} \text{ für alle } a \in \mathcal{O}_{\overline{F}}, \quad q = \mathcal{N}\mathfrak{p}$$

heißt *arithmetischer Frobenius* und sein Inverses $\mathrm{Frob}_\mathfrak{p}^{-1}$ heißt *geometrischer Frobenius*.

Der Einfachheit halber schreiben wir $\mathrm{Sym}^2 E \otimes E$ statt $(\mathrm{Sym}^2 E) \otimes E$. Der $\mathfrak{p}$-Eulerfaktor des strikt kompatiblen l-adischen Systems $(\rho_l)_l = \mathrm{Sym}^2 E \otimes E_{/F}$ ist definiert als das Inverse zu

$$D_\mathfrak{p}(T) = \det\left(1 - \rho_l(\mathrm{Frob}_\mathfrak{p}^{-1})T \mid \left(\mathrm{Sym}^2(V_l(E)) \otimes V_l(E)\right)^{I_\mathfrak{p}}\right) \in \mathbb{Q}[T].$$

Die *primitive* L-Funktion $L^{(\infty)}(\mathrm{Sym}^2 E \otimes E_{/F}, s)$ zum strikt kompatiblen System $(\rho_l)_l$ ist dann gegeben durch das Eulerprodukt

$$L^{(\infty)}(\mathrm{Sym}^2 E \otimes E_{/F}, s) := \prod_{\mathfrak{p} \nmid \infty} D_\mathfrak{p}(\mathcal{N}\mathfrak{p}^{-s})^{-1},$$

wobei $\mathcal{N}$ die Absolutnorm der Ideale bedeuten soll.

Es sei bemerkt, dass man für die duale Normierung $H^1_l(E) = \mathrm{Hom}_{\mathbb{Q}_l}(V_l(E), \mathbb{Q}_l)$ statt $V_l(E)$ und den arithmetischen Frobenius statt des geometrischen Frobenius nimmt.

1.4 Motive

Wir wollen uns jetzt dem auf Alexander Grothendieck zurückgehenden Begriff *Motiv* zuwenden. Diesen Begriff hat er zum ersten Mal im Jahre 1964 in seinem Brief [Gro01] an Serre eingeführt.

1.4.1 Motive über $\mathbb{Q}$

In der algebraischen Geometrie ist der Urtyp eines Motives wie folgt beschrieben: Es sei X eine über $\mathbb{Q}$ definierte glatte projektive Varietät und m sei eine feste nicht-negative ganzrationale Zahl. Wir schreiben $X(\mathbb{C})$ für die Menge aller komplexen Punkte auf X. Die algebraische Geometrie und die Topologie liefern drei verschiedene Typen von Kohomologiegruppen für unser X

- die *Betti-Kohomologie* mit rationalen Koeffizienten von der komplexen Mannigfaltigkeit $X(\mathbb{C})$,

- die algebraische *de-Rham-Kohomologie* von der algebraischen Varietät $X/\mathbb{Q}$ versehen mit einer Hodge-Filtrierung,

und nicht zuletzt für jede Primzahl l

- die *l-adische Kohomologie* von X mit Koeffizienten in $\mathbb{Q}_l$ vom Grad m:

$$H_B^m(X), \quad H_{DR}^m(X), \quad H_l^m(X).$$

Ein Motiv M über $\mathbb{Q}$ (zur abelschen Varietät X) ist eine Abstraktion von obigem System $\{H_B^m(X(\mathbb{C})), H_{DR}^m(X), H_l^m(X)\}$ mit festen Vergleichsisomorphismen:

$$H_B^m(X) \otimes_{\mathbb{Q}} \mathbb{Q}_l \cong H_l^m(X)$$
$$H_B^m(X) \otimes_{\mathbb{Q}} \mathbb{C} \cong H_{DR}^m(X) \otimes_{\mathbb{Q}} \mathbb{C}.$$

Das zu M duale Motiv $M^\vee$ ist definiert als das Motiv zu den dualen Realisierungen von M.

Beispiel 1.21. Das Tate-Motiv $\mathbb{Q}(1)$. Dies ist ein Motiv von Hodge-Gewicht $(1,1)$ und Dimension 1 mit den Realisierungen

$$H_B(\mathbb{Q}(1)) = 2\pi i\, \mathbb{Q}, \quad H_{DR}(\mathbb{Q}(1)) = \mathbb{Q}, \quad H_l(\mathbb{Q}(1)) = V_l(\mu),$$

mit den kanonischen Vergleichsisomorphismen

$$H_B(\mathbb{Q}(1)) \otimes_{\mathbb{Q}} \mathbb{Q}_l \cong H_l(\mathbb{Q}(1)),$$
$$H_B(\mathbb{Q}(1)) \otimes_{\mathbb{Q}} \mathbb{C} \cong H_{DR}(\mathbb{Q}(1)) \otimes_{\mathbb{Q}} \mathbb{C},$$

dabei operiert die absolute Galoisgruppe $G_{\mathbb{Q}}$ auf $V_l(\mu)$ durch den zyklotomischen Charakter. Das duale Motiv zum Tate-Motiv $\mathbb{Q}(1)$ ist $H^2(\mathbb{P}^1)$.

Ist X eine glatte projektive Varietät über $\mathbb{Q}$, und schreiben wir X^{an} als die zu X assoziierte komplexe analytische Mannigfaltigkeit und $H^m(X)(n) := H^m(X) \otimes \mathbb{Q}(1)^n$, so hat der *Tate-Twist* $M \otimes \mathbb{Q}(n) := M \otimes \mathbb{Q}(1)^{\otimes n}$ des Motivs zu X die Realisierungen

$$\begin{aligned}
H^m_{\mathrm{B}}(X)(n) &= H^m_{\mathrm{B}}(X) \otimes_{\mathbb{Q}} (2\pi i)^n \mathbb{Q} = H^m(X^{\mathrm{an}}, (2\pi i)^n \mathbb{Q}), \\
H^m_{\mathrm{DR}}(X)(n) &= H^m_{\mathrm{DR}}(X), \\
H^m_l(X)(n) &= H^m_l(X) \otimes_{\mathbb{Q}_l} (H_l(\mathbb{Q}(1)))^{\otimes n} = \varprojlim H^m(X \times_{\mathbb{Q}} \overline{\mathbb{Q}}, \mu_{l^k}^{\otimes n})
\end{aligned}$$

mit den Vergleichsisomorphismen

$$\begin{aligned}
H^m_{\mathrm{B}}(X)(n) \otimes_{\mathbb{Q}} \mathbb{Q}_l &\cong H^m_l(X)(n), \\
H^m_{\mathrm{B}}(X)(n) \otimes_{\mathbb{Q}} \mathbb{C} &\cong H^m_{\mathrm{DR}}(X)(n) \otimes_{\mathbb{Q}} \mathbb{C}.
\end{aligned}$$

1.4.2 Die motivischen L-Funktionen

Ähnlich wie bei abelschen Varietäten können wir auch die zu den Motiven assoziierten L-Funktionen über ihre l-adischen Realisierungen definieren.

Es sei M ein Motiv über $\mathbb{Q}$ mit den l-adischen Realisierungen $M_l = H_l(M)$, welche annahmeweise ein strikt kompatibles System l-adischer Darstellungen im Sinne von Serre sind (vgl. [Del74], [Del80]). Für jede nicht-archimedische Stelle v von $\mathbb{Q}$ haben wir eine wohldefinierte Operation des Frobeniusautomorphismus Frob_v auf dem Fixraum $M_l^{I_v}$ unter der Trägheitsgruppe I_v. Der lokale L-Faktor an der Stelle v mit $v \neq l$ ist dann gegeben durch

$$L_v(M,s) = \det(1 - \mathrm{Frob}_v^{-1} (\mathcal{N}v)^{-s} \mid M_l^{I_v})^{-1}. \tag{1.7}$$

Unter der Hypothese, dass (1.7) unabhängig von der Wahl von l ist, können wir die motivische L-Funktion zu M als Eulerprodukt von den lokalen Faktoren definieren:

$$L^{(\infty)}(M,s) = \prod_v L_v(M,s),$$

wobei v alle nicht-archimedischen Stellen von $\mathbb{Q}$ durchläuft.

Um den Gamma-Faktor zu definieren, benutzen wir die Betti-Realisierung $H_{\mathrm{B}}(M)$. Genauer gesagt, der Gamma-Faktor $\Gamma(M,s)$ hängt von der Isomorphieklasse des komplexen Vektorraums $H_{\mathrm{B}}(M) \otimes_{\mathbb{Q}} \mathbb{C}$ ab, welcher mit der Hodge-Zerlegung und einer Involution F_∞ versehen ist, vgl. [Ser70, §3], [Del79] und [DOM89].

Für die vollständige motivische L-Funktion $L(M,s) := L^{(\infty)}(M,s) \cdot \Gamma(M,s)$ wurden die folgenden vermuteten Eigenschaften formuliert:

(1) $L^{(\infty)}(M,s)$ konvergiert im Bereich $\mathrm{Re}(s) > 1 + \frac{k}{2}$, wobei k das Gewicht des Motivs M ist. Somit ist $L(M,s)$ wohldefiniert und holomorph in diesem Bereich.

(2) $L^{(\infty)}(M,s)$ lässt sich auf ganz $\mathbb{C}$ meromorph fortsetzen. Der einzige mögliche Pol ist bei $s = 1 + \frac{k}{2}$, wo $L^{(\infty)}(M,s)$ niemals verschwindet, selbst wenn sie dort holomorph ist.

(3) Die vollständige L-Funktion $L(M,s)$ erfüllt eine Funktionalgleichung (vgl. [Del79, §1 (1.2.3)]):

$$L(M,s) = \varepsilon(M,s) \cdot L(M^\vee, 1-s), \tag{1.8}$$

wobei $M^\vee$ das duale Motiv zu M und $\varepsilon(M,s)$ die ε-Funktion zu M bezeichne.

1.5 p-adische Distributionen und Maße

In diesem Abschnitt dienen als generelle Referenz Washington [Wei86] und Yager [Yag82].

Für die allgemeine Darstellung der Theorie sei K eine endliche Erweiterung von $\mathbb{Q}_p$ mit dem Ganzheitsring $\mathcal{O}$ und es sei G eine beliebige kompakte, total unzusammenhängende topologische Gruppe, z. B. eine proendliche Gruppe. Es gibt folgende äquivalente Definitionen der p-adischen Distributionen auf G. Dabei benutzen wir die Notation

$$\mathcal{M} := \{\text{lokal konstante Funktionen } f : G \longrightarrow K\}.$$

Offenbar ist $\mathcal{M}$ ein $\mathbb{Q}_p$-Vektorraum.

Definition 1.22. Eine *p-adische Distribution* μ auf G ist ein $\mathbb{Q}_p$-lineares Funktional

$$\mu : \mathcal{M} \longrightarrow K.$$

Gebräuchlicherweise schreiben wir $\int f d\mu := \mu(f)$.

Weiter schreiben wir

$$\mathcal{S} := \{\text{kompakt-offene Teilmengen von } G\}$$

und haben die folgende äquivalente:

Definition 1.23. Eine *p-adische Distribution* μ auf G ist eine endlich additive Abbildung:

$$\mathcal{S} \longrightarrow K,$$

d. h. für endlich viele paarweise disjunkte kompakt-offene Teilmengen von G gilt $\mu(\cup U_i) = \sum \mu(U_i)$.

Die p-adischen Distributionen μ nach der ersten Definition entsprechen eineindeutig den p-adischen Distributionen μ nach der zweiten Definition, und die Bedingung

$$\mu(U) = \int_G \chi_U d\mu \quad \text{für alle kompakt-offenen Teilmengen } U \subset G,$$

wobei χ_U die charakteristische Funktion von U bedeuten soll, definiert eine 1-1-Korrespondenz

$$\{\mathbb{Q}_p\text{-lineare Funktionale auf } \mathcal{M}\} \xleftrightarrow{1:1} \{\text{endlich additive Funktionen auf } \mathcal{S}\}.$$

Definition 1.24. Eine p-adische Distribution μ auf G heißt ein *Maß*, wenn eine Konstante $B \in \mathbb{R}$ existiert, derart dass $\mid \mu(U) \mid \leq B$ für alle kompakt-offenen Teilmengen U von G. Hierbei bezeichne $\mid \cdot \mid$ die Betragsbewertung auf K.

Hieraus schließt man insbesondere, dass wenn sich der Wertebereich von μ in $\mathcal{O}$ befindet, μ bereits ein p-adisches Maß ist.

1.5.1 Die Iwasawa-Algebra

Die *Iwasawa-Algebra* einer proendlichen Gruppe G ist definiert als die kompakte topologische $\mathcal{O}$-Algebra

$$\Lambda[G] := \mathcal{O}[[G]] := \varprojlim \mathcal{O}[G/H],$$

wobei H die Menge aller offenen Normalteiler von G durchläuft.

Uns interessiert vor allem die Iwasawa-Algebra derjenigen Gruppen, die mit einer sogenannten „linearen p-adischen Struktur" ausgestattet sind.

Definition 1.25. Eine lineare p-adische Struktur auf einer kompakten Gruppe G ist eine direkte Produktzerlegung

$$G = H \times C$$

in eine endliche Gruppe H und eine Gruppe C, die zu $\mathbb{Z}_p^d$ topologisch isomorph ist für ein $d \in \mathbb{N}$.

1.5.2 p-adische Maße und Potenzreihen

Es seien G eine endliche abelsche Gruppe und $\widehat{G}$ ihre Charaktergruppe. Des Weiteren sei R ein kommutativer Ring, welcher die Werte $\theta(G)$ für alle Charaktere θ von G enthalte, und es gelte $|G| \in R^\times$. Zu jedem $\theta \in \widehat{G}$ definieren wir nun die *orthogonale Idempotente*

$$\varepsilon_\theta := \frac{1}{|G|} \sum_{\sigma \in G} \theta(\sigma) \sigma^{-1} \in R[G],$$

die die folgenden Eigenschaften besitzt:

(a) $\varepsilon_\theta^2 = \varepsilon_\theta$,

(b) $\varepsilon_\theta \varepsilon_{\theta'} = 0$, falls $\theta \neq \theta'$,

(c) $1 = \sum_{\theta \in \widehat{G}} \varepsilon_\theta$,

(d) $\varepsilon_\theta \sigma = \chi(\sigma) \varepsilon_\theta$.

Jeder $\overline{\mathbb{Q}}[G]$-Modul M lässt sich als direkte Summe

$$M = \bigoplus_{\theta \in \widehat{G}} M_\theta \quad \text{mit } M_\theta := \varepsilon_\theta M \tag{1.9}$$

darstellen. Insbesondere ist M_θ der Eigenraum von jedem $\sigma \in G$ zum Eigenwert $\theta(\sigma)$, was leicht an der Eigenschaft (d) zu erkennen ist.

Nunmehr legen wir eine Gruppe G mit p-adischer linearer Struktur zugrunde und schreiben $G = \Delta \times \Gamma$, wobei $|\Delta| < \infty$ und $\Gamma \cong \mathbb{Z}_p^d$ für ein $d \in \mathbb{N}$.

Definition 1.26. Ein Charakter ϕ von G heißt von *erster Art* bzw. von *zweiter Art*, wenn $\phi|_\Gamma = 1$ bzw. $\phi|_\Delta = 1$.

1.5. P-ADISCHE DISTRIBUTIONEN UND MASSE

Legen wir einen p-adischen Zahlkörper mit dem Ganzheitsring $\mathcal{O}$ fest, so gibt es bekanntlich eine 1-1-Korrespondenz

$$\{\mathcal{O}\text{-wertige Maße auf } G\} \xleftrightarrow{1:1} \mathcal{O}[\Delta][[T]],$$

hierbei bezeichne T das Tupel $(T_1, \ldots, T_d)$.

Um weitere Korrespondenzen herstellen zu können, machen wir nun folgende Hypothese:

(a) $(|\Delta|, p) = 1$,

(b) $\theta(\Delta) \subset \mathcal{O}$ für alle $\theta \in \widehat{\Delta}$.

Wie am Anfang dieses Abschnittes definieren wir die orthogonalen Idempotenten

$$\varepsilon_\theta = \frac{1}{|G|} \sum_{\sigma \in \Delta} \theta(\sigma)\sigma^{-1} \in \mathcal{O}[\Delta],$$

da $|\Delta| \in \mathcal{O}^\times$, und erhalten die Isomorphien

$$\mathcal{O}[\Delta][[T]] \xrightarrow{\sim} \bigoplus_{\theta \in \widehat{\Delta}} \mathcal{O}[[T]] \cdot \varepsilon_\theta \xrightarrow{\sim} \bigoplus_{\theta \in \widehat{\Delta}} \mathcal{O}[[T]] \qquad (1.10)$$

$$g \longmapsto \sum_{\theta \in \widehat{\Delta}} g_\theta(T) \cdot \varepsilon_\theta \longmapsto (\ldots, g_\theta(T), \ldots), \qquad (1.11)$$

wobei die erstere sich wegen der Zerlegung (1.9) und der Inklusion $\mathcal{O}[\Delta]\cdot\varepsilon_\theta \subset \mathcal{O}\cdot\varepsilon_\theta$ ersichtlich ist. Sonach haben wir also eine 1-1-Korrespondenz zwischen Maßen und Tupeln der formalen Potenzreihen:

$$\{\mathcal{O}\text{-wertige Maße auf } G\} \xleftrightarrow{1:1} \bigoplus_{\theta \in \widehat{\Delta}} \mathcal{O}[[T]].$$

Ist insbesondere $G \cong \mathbb{Z}_p^2$, so gibt uns die folgende Proposition nähere Auskunft über diese 1-1-Korrespondenz zwischen p-adischen Maßen und formalen Potenzreihen:

Proposition 2. *Es sei $G(T_1, T_2) \in \mathcal{O}[[T_1, T_2]]$ eine formale Potenzreihe. Dann gibt es ein eindeutig bestimmtes Maß μ_G auf $\mathbb{Z}_p^2$ mit Werten in $\mathcal{O}$, sodass die Gleichung*

$$\int_{\mathbb{Z}_p^2} (1+T_1)^{s_1}(1+T_2)^{s_2} d\mu_G(s_1, s_2) = G(T_1, T_2)$$

gilt. Umgekehrt lässt sich die korrespondierende formale Potenzreihe zu einem gegebenen $\mathcal{O}$-wertigen Maß μ auf $\mathbb{Z}_p^2$ wie folgt ausdrücken („Amice-Transformation"):

$$G_\mu(T_1, T_2) = \sum_{m,n \geq 0} \left(\int_{\mathbb{Z}_p^2} \binom{s_1}{m}\binom{s_2}{n} d\mu(s_1, s_2) \right) T_1^m T_2^n.$$

Wir kehren zur allgemeinen Situation zurück, d. h. ohne Einschränkung sei $G = \Delta \times (1+p\mathbb{Z}_p)^d$, $|\Delta| < \infty$ und $d \in \mathbb{N}$. Jedes $x \in G$ hat die Zerlegung $x = (x_0, \ldots, x_d)$ mit $x_0 \in \Delta$ und $x_i \in 1+p\mathbb{Z}_p$ für $1 \leq i \leq d$. Legen wir d topologische Erzeuger $u_i, 1 \leq i \leq d$, von $1+p\mathbb{Z}_p$ fest, so haben wir die nachstehende

Proposition 3. *Es seien μ ein $\mathcal{O}$-wertiges Maß auf G und $(\ldots, g_\theta(T), \ldots) \in \bigoplus_{\theta \in \widehat{\Delta}} \mathcal{O}[[T]]$ die dazu korrespondierende formale Potenzreihe. Dann gilt für jedes $\theta \in \widehat{\Delta}$, jeden Charakter $\phi = \otimes_{i=1}^d \phi_i \in \widehat{G}$ zweiter Art und jedes Tupel $(s_1, \ldots, s_d) \in \mathbb{Z}_p^d$ die folgende Relation:*

$$\int_{\Delta \times (1+p\mathbb{Z}_p)^d} \theta(x_0) \left(\prod_{i=1}^d \phi_i(x_i) x_i^{s_i} \right) d\mu(x_0, \ldots, x_d) = g_\theta \left(\phi_1(u_1) u_1^{s_1} - 1, \ldots, \phi_d(u_d) u_d^{s_d} - 1 \right).$$

Kapitel 2

Rankin-Selberg-L-Funktionen

2.1 Notationen und Voraussetzungen

In der ganzen Arbeit, wenn es nicht anders bemerkt ist, sei K ein imaginär quadratischer Zahlkörper der Klassenzahl 1 mit der Diskriminante $-d_K$ und dem Ganzheitsring $\mathcal{O}_K$.

E sei eine elliptische Kurve über $\mathbb{Q}$ mit CM mit $\mathcal{O}_K$, $\psi_{E/K}$ bezeichne den assoziierten Größencharakter zu E/K [Sil86] und $\mathfrak{f}_E$ dessen Führer.

Wir legen ein Weierstraß-Modell für E fest:

$$E/\mathbb{Q}: \quad y^2 = 4x^3 - g_2 x - g_3,$$

sodass $g_2, g_3 \in \mathbb{Z}$, und sei $\mathcal{L}$ das Periodengitter zu diesem Weierstraß-Modell. Wir fixieren ein Element $\Omega_D \in \mathcal{L}$, derart dass $\mathcal{L} = \Omega_D \mathcal{O}_K$ gilt.

Ferner nehmen wir eine Primzahl p, an welche wir folgende Hypothese stellen:

(a) $(p, 6d_K \mathfrak{f}_E) = 1$,

(b) p sei zerlegt in $K/\mathbb{Q}$ mit $p\mathcal{O}_K = \mathfrak{p}\bar{\mathfrak{p}}$.

(c) g_2 und g_3 seien ganz bei p und die Diskriminante von E sei nicht durch p teilbar.

Weiter seien

$$\begin{aligned}
C_K &= I_K/K^\times, \text{ Idelklassengruppe von } K, \\
C_K^{\mathfrak{m}} &= \text{Kongruenzuntergruppe mod } \mathfrak{m}, \mathfrak{m} \triangleleft \mathcal{O}_K, \\
K^{\mathfrak{m}} &= \text{Strahlklassenkörper mod } \mathfrak{m}, \mathfrak{m} \triangleleft \mathcal{O}_K, \\
\omega &= \text{Teichmüller-Charakter: } \mathbb{Z}_p^\times \to \mu_{p-1}, \text{ der jedem } x \in \mathbb{Z}_p^\times \text{ ein} \\
&\quad \omega(x) \in \mu_{p-1} \text{ zuordnet, welches durch die Kongruenzbedingung } \omega(x) \equiv x \bmod p \\
&\quad \text{eindeutig bestimmt ist.}
\end{aligned}$$

Nicht zuletzt bezeichne $K_\mathfrak{p}$ die Komplettierung von K bei $\mathfrak{p}$ und wir identifizieren $K_\mathfrak{p}$ mit $\mathbb{Q}_p$. Mit $\psi_{E/K}^a \bar{\psi}_{E/K}^b$ für beliebige ganzrationale Zahlen a, b meinen wir stets den primitiven Größencharakter. Es ist klar, dass der Führer $\mathfrak{f}_{\psi_{E/K}^a \bar{\psi}_{E/K}^b}$ von $\psi_{E/K}^a \bar{\psi}_{E/K}^b$ immer den Führer $\mathfrak{f}_E$ von $\psi_{E/K}$ teilt.

2.2 Darstellung als Produkt der Hecke-L-Funktionen

Nach Wiles (siehe [Wil95] und [BCDT01]) ist E eine modulare elliptische Kurve zu einer cuspidalen GL_2-Darstellung σ'. Für das Motiv $\text{Sym}^2(E)$ liefert nun der Gelbart-Jacquet-Lift eine automorphe Darstellung $\pi' = \text{Sym}^2(\sigma')$ als Partner der (generell vermuteten) Langlands-Korrespondenz. Falls der Gelbart-Jacquet-Lift π' nicht cuspidal ist, versagt die bisher angewandte Methode zur Untersuchung kritischer Werte der Rankin-Selberg-Faltungen $L(\pi', \sigma', s)$.

Für den Fall, dass σ und σ' automorphe Darstellungen von GL_2 sind, die zu zwei elliptischen Kurven E und E' mit komplexer Multiplikation gehören, ist die Rankin-Selberg-Faltung $L(\pi', \sigma, s)$ gerade das Produkt der L-Funktionen der Größencharaktere.

In dieser Arbeit betrachten wir den Fall $E = E'$. Zur Herleitung dieser Produktdarstellung aus darstellungstheoretischer Sicht legen wir für den weiteren Verlauf dieser Arbeit die Konventionen wie in der Notation ganz am Anfang dieser Arbeit zugrunde.

Wir wenden uns jetzt der Aufgabe zu, die Produktdarstellung der Rankin-Selberg-L-Funktionen zu nicht-cuspidalen Gelbart-Jacquet-Lifts herzuleiten.

2.2.1 Der zerlegte Fall $q = \mathfrak{q}\bar{\mathfrak{q}}$

Zunächst studieren wir die q-adische Realisierung von $\text{Sym}^2 E \otimes E_{/\mathbb{Q}}$, wobei die Primstelle q in $K/\mathbb{Q}$ zerlegt ist und bei der die elliptische Kurve $E/\mathbb{Q}$ gute Reduktion hat.

Es gilt $E[\mathfrak{q}^n] \cong \mathcal{O}_K/\mathfrak{q}^n \cong \mathbb{Z}/q^n\mathbb{Z}$ und der Übergang zum projektiven Limes ergibt $V_\mathfrak{q}(E) \cong \mathbb{Q}_q$. Analog haben wir $V_{\bar{\mathfrak{q}}}(E) \cong \mathbb{Q}_q$.

Mit ρ_q und $\bar{\rho}_q$ bezeichnen wir die Galoisdarstellung

$$\rho_q : \quad \text{Gal}(\overline{\mathbb{Q}}/K) \longrightarrow \text{Aut}(V_\mathfrak{q}(E)) \cong \mathbb{Q}_q^\times,$$
$$\bar{\rho}_q : \quad \text{Gal}(\overline{\mathbb{Q}}/K) \longrightarrow \text{Aut}(V_{\bar{\mathfrak{q}}}(E)) \cong \mathbb{Q}_q^\times,$$

und schreiben $G_K := \text{Gal}(\overline{\mathbb{Q}}/K)$ sowie $G_\mathbb{Q} := \text{Gal}(\overline{\mathbb{Q}}/\mathbb{Q})$. Aus der Darstellungstheorie kennen wir die folgende Definition:

Definition 2.1. Die induzierte Darstellung von ρ_q auf $G_\mathbb{Q}$ ist gegeben durch

$$\text{Ind}_{G_K}^{G_\mathbb{Q}} \rho_q = \mathbb{Q}[G_\mathbb{Q}] \otimes_{\mathbb{Q}[G_K]} V_\mathfrak{q}(E) \cong \mathbb{Q}[\text{Gal}(K/\mathbb{Q})] \otimes_\mathbb{Q} V_\mathfrak{q}(E).$$

Wir betrachten die Operation von $G_\mathbb{Q} \cong G_K \rtimes \text{Gal}(K/\mathbb{Q})$ auf dem 2-dimensionalen Darstellungsraum $W_1 := \mathbb{Q}[\text{Gal}(K/\mathbb{Q})] \otimes_\mathbb{Q} V_\mathfrak{q}(E) = \mathbb{Q}[\{\text{id}, \tau\}] \otimes_\mathbb{Q} V_\mathfrak{q}(E)$, dabei bezeichne $\tau \in \text{Gal}(K/\mathbb{Q})$ die komplexe Konjugation.

Es sei v ein von Null verschiedener Vektor im eindimensionalen $\mathbb{Q}_q$-Vektorraum $V_\mathfrak{q}(E)$. So bildet $B_1 := \{\text{id} \otimes v, \tau \otimes v\}$ eine $\mathbb{Q}_q$-Basis von W_1. Die Operation von $G_\mathbb{Q}$ auf W_1 wird offenbar vollständig beschrieben durch die folgenden Relationen

$$\tau \bullet (\text{id} \otimes v) = \tau \otimes v,$$
$$\tau \bullet (\tau \otimes v) = \text{id} \otimes v, \tag{2.1}$$

2.2. DARSTELLUNG ALS PRODUKT DER HECKE-L-FUNKTIONEN

und für ein beliebiges $g \in G_K$ haben wir

$$g \bullet (\mathrm{id} \otimes v) = \mathrm{id} \otimes g \bullet v,$$
$$g \bullet (\tau \otimes v) = \tau \otimes \tau^{-1} g \tau \bullet v, \qquad (2.2)$$

hierbei bezeichne $g\bullet$ die Operation von g auf $V_{\mathfrak{p}}(E)$ bzw. W_1, genauso ist es mit $\tau\bullet$.

Die Operation (2.2) lässt sich wie folgt nachvollziehen:

$$\begin{aligned}
g \bullet (\tau \otimes v) &= (g\tau) \bullet (\mathrm{id} \otimes v) \\
&= (\tau \tau^{-1} g \tau) \bullet (\mathrm{id} \otimes v) \\
&= \tau(\tau^{-1} g \tau) \bullet (\mathrm{id} \otimes v) \\
&= \tau \bullet (\mathrm{id} \otimes \tau^{-1} g \tau \bullet v) \\
&\stackrel{(2.1)}{=} \tau \otimes \tau^{-1} g \tau \bullet v.
\end{aligned} \qquad (2.3)$$

Für die komplex konjugierte Darstellung $\bar{\rho}_q$ wird die Operation von $G_{\mathbb{Q}}$ auf $W_2 := \mathbb{C}[\mathrm{Gal}(K/\mathbb{Q})] \otimes_{\mathbb{C}} V_{\bar{\mathfrak{q}}}(E)$ in analoger Weise erklärt.

Wir wählen die Basis $B_2 := \{\mathrm{id} \otimes \tau v, \tau \otimes \tau v\}$ von W_2, somit haben wir für die komplexe Konjugation $\tau \in \mathrm{Gal}(K/\mathbb{Q})$:

$$\begin{aligned}
\tau \bullet (\mathrm{id} \otimes \tau v) &= \tau \otimes \tau v \\
\tau \bullet (\tau \otimes \tau v) &= \mathrm{id} \otimes \tau v
\end{aligned}$$

und für ein beliebiges $g \in G_K$ gilt:

$$\begin{aligned}
g \bullet (\mathrm{id} \otimes \tau v) &= \mathrm{id} \otimes \tau(\tau^{-1} g \tau) \bullet v \\
g \bullet (\tau \otimes \tau v) &= \tau \otimes \tau(g \bullet v).
\end{aligned}$$

Identifizieren wir die Elemente in $\mathbb{Q}[\mathrm{Gal}(K/\mathbb{Q})] \otimes_{\mathbb{Q}} V_{\mathfrak{q}}(E)$ und $\mathbb{Q}[\mathrm{Gal}(K/\mathbb{Q})] \otimes_{\mathbb{Q}} V_{\bar{\mathfrak{q}}}(E)$ via der Vorschrift

$$\tilde{\tau}(\tau \otimes v) := \mathrm{id} \otimes \tau v \quad \text{und} \quad \tilde{\tau}(\mathrm{id} \otimes v) := \tau \otimes \tau v,$$

so erhalten wir ein kommutatives Diagramm

$$\begin{array}{ccc}
\mathrm{id} \otimes v & \xrightarrow{\tau^{-1}g\tau\bullet} & \mathrm{id} \otimes (\tau^{-1} g \tau) \bullet v \\
{\scriptstyle \tilde{\tau} \circ (\tau\bullet)} \downarrow & & \downarrow {\scriptstyle \tilde{\tau} \circ (\tau\bullet)} \\
\mathrm{id} \otimes \tau v & \xrightarrow{g\bullet} & \mathrm{id} \otimes g \bullet \tau v.
\end{array}$$

Die Darstellungen ρ_q und $\bar{\rho}_q$ faktorisieren über $\mathrm{Gal}(K^{\mathrm{ab}}/K)$. Ist $x \in I_K$ ein Idel und $[x, K^{\mathrm{ab}}/K]$ sein Normrestsymbol, so gelten:

$$\rho_q([x, K^{\mathrm{ab}}/K]) = \psi_{E/K}(x) \quad \text{und} \quad \bar{\rho}_q([x, K^{\mathrm{ab}}/K]) = \bar{\psi}_{E/K}(x).$$

Die oben angegebenen Operationen von $[x, K^{\mathrm{ab}}/K]$ auf den Basen B_1 und B_2 lassen sich nun umschreiben:

$$\begin{aligned}
{[x, K^{\mathrm{ab}}/K]} \bullet (\mathrm{id} \otimes v) &= \psi_{E/K}(x)(\mathrm{id} \otimes v), \\
{[x, K^{\mathrm{ab}}/K]} \bullet (\tau \otimes v) &= \bar{\psi}_{E/K}(x)(\tau \otimes v).
\end{aligned} \qquad (2.4)$$

Nach diesem Vorgriff kommen wir nun zur

Proposition 4. *Es gibt einen $G_\mathbb{Q}$-Modulisomorphismus*

$$\varphi: \quad V_\mathfrak{q}(E) \times V_{\bar{\mathfrak{q}}}(E) \quad \xrightarrow{\sim} \quad \mathrm{Ind}_{G_K}^{G_\mathbb{Q}} \rho_q$$
$$(x,y) \quad \longmapsto \quad \mathrm{id} \otimes x + \tau \otimes \tau y.$$

Etwas Darstellungstheorie

Lemma 2.2. *Für jede in K zerlegte Primzahl q, bei der $E/\mathbb{Q}$ gute Reduktion hat, ist $\mathrm{Ind}_{G_K}^{G_\mathbb{Q}}(\rho_q^{\otimes 3}) \oplus 2\left(\mathrm{Ind}_{G_K}^{G_\mathbb{Q}}(\rho_q) \otimes V_q(\mu)\right)$ die q-adische Realisierung von $\mathrm{Sym}^2 E \otimes E_{/\mathbb{Q}}$.*

Beweis. Zum Beweis genügt es, die Operation von einem beliebigen $g \in G_K$ und der komplexen Konjugation $\tau \in \mathrm{Gal}(K/\mathbb{Q})$ jeweils auf einer Basis der linken und der rechten Seite zu vergleichen.

Wir fixieren einen Basisvektor v vom $\mathbb{Q}_q$-Vektorraum $V_q(E)$, so ist τv ein Basisvektor von $V_{\bar{\mathfrak{q}}}(E)$ und somit $\{v, \tau v\}$ eine Basis von $V_q(E) \cong V_\mathfrak{q}(E) \times V_{\bar{\mathfrak{q}}}(E)$ durch Identifikation von v mit (v, O) und τv mit $(O, \tau v)$.

Eine Basis von $\mathrm{Sym}^2 E \otimes E_{/\mathbb{Q}}$ ist gegeben durch $B = \{b_1, b_2, b_3, b_4, b_5, b_6\}$ mit

$$\begin{aligned} b_1 &:= v \otimes v \otimes v, \\ b_2 &:= \tau v \otimes \tau v \otimes \tau v, \\ b_3 &:= v \otimes \tau v \otimes v + \tau v \otimes v \otimes v, \\ b_4 &:= v \otimes \tau v \otimes \tau v + \tau v \otimes v \otimes \tau v, \\ b_5 &:= v \otimes v \otimes \tau v, \\ b_6 &:= \tau v \otimes \tau v \otimes v. \end{aligned}$$

Des Weiteren sei $w(\cdot, \cdot) : V_q(E) \times V_q(E) \longrightarrow V_q(\mu)$ die Weil-Paarung [Sil86, III. §8]. Eine Basis von $\mathrm{Ind}_{G_K}^{G_\mathbb{Q}}(\rho_q^{\otimes 3}) \oplus 2\left(\mathrm{Ind}_{G_K}^{G_\mathbb{Q}}(\rho_q) \otimes V_q(\mu)\right)$ gegeben durch $B' = \{b'_1, b'_2, b'_3, b'_4, b'_5, b'_6\}$ mit

$$\begin{aligned} b'_1 &:= (\mathrm{id} \otimes v) \oplus 0 \oplus 0, \\ b'_2 &:= (\tau \otimes v) \oplus 0 \oplus 0, \\ b'_3 &:= 0 \oplus (\mathrm{id} \otimes v \otimes w(v, \tau v)) \oplus 0, \\ b'_4 &:= 0 \oplus (\tau \otimes v \otimes w(\tau v, v)) \oplus 0, \\ b'_5 &:= 0 \oplus 0 \oplus (\mathrm{id} \otimes v \otimes w(v, \tau v)), \\ b'_6 &:= 0 \oplus 0 \oplus (\tau \otimes v \otimes w(\tau v, v)). \end{aligned}$$

Man sieht leicht, dass die Abbildungsmatrizen $M_B(\tau)$ und $M_{B'}(\tau)$ die Gestalt

$$M_B(\tau) = M_{B'}(\tau) = \begin{pmatrix} 0 & 1 & 0 & 0 & 0 & 0 \\ 1 & 0 & 0 & 0 & 0 & 0 \\ 0 & 0 & 0 & 1 & 0 & 0 \\ 0 & 0 & 1 & 0 & 0 & 0 \\ 0 & 0 & 0 & 0 & 0 & 1 \\ 0 & 0 & 0 & 0 & 1 & 0 \end{pmatrix}$$

2.2. DARSTELLUNG ALS PRODUKT DER HECKE-L-FUNKTIONEN

haben. Zu einem beliebigen $g \in G_K$ sei x ein Idel in I_K, sodass[1] $g\,|_{K^{\mathrm{ab}}} = [x, K^{\mathrm{ab}}/K]$. Mit Blick auf (2.4) ist es ersichtlich, dass die Abbildungsmatrizen folgende Gestalt haben:

$$M_B(g) = M_{B'}(g) = \begin{pmatrix} \psi_{E/K}^3(x) & 0 & 0 & 0 & 0 & 0 \\ 0 & \bar{\psi}_{E/K}^3(x) & 0 & 0 & 0 & 0 \\ 0 & 0 & \psi_{E/K}^2 \bar{\psi}_{E/K}(x) & 0 & 0 & 0 \\ 0 & 0 & 0 & \psi_{E/K}\bar{\psi}_{E/K}^2(x) & 0 & 0 \\ 0 & 0 & 0 & 0 & \psi_{E/K}^2 \bar{\psi}_{E/K}(x) & 0 \\ 0 & 0 & 0 & 0 & 0 & \psi_{E/K}\bar{\psi}_{E/K}^2(x) \end{pmatrix}.$$

Aufgrund der Beliebigkeit von g geht nun die zu zeigende Äquivalenz der beiden Darstellungen hervor. □

2.2.2 Der träge Fall $q = \mathfrak{q}$

Es verbleibt noch den Nachweis dafür, dass $\mathrm{Ind}_{G_K}^{G_\mathbb{Q}}(\rho_q^{\otimes 3}) \oplus 2\left(\mathrm{Ind}_{G_K}^{G_\mathbb{Q}}(\rho_q) \otimes V_q(\mu)\right)$ die q-adische Realisierung von $\mathrm{Sym}^2 E \otimes E_{/\mathbb{Q}}$ ist für diejenigen Primstellen q von $\mathbb{Q}$, bei denen $E/\mathbb{Q}$ gute Reduktion hat und die in $K/\mathbb{Q}$ träge sind.

Sobald wir zeigen können, dass es, wie im zerlegten Fall, ebenfalls eine Zerlegung $V_q(E) = V_1 \oplus V_2$ vom Tate-Modul $V_q(E)$ in zwei G_K-invariante eindimensionale Unterräume gibt, die von der komplexen Konjugation vertauscht werden, so lässt sich der Beweis im zerlegten Fall wortwörtlich auf den trägen Fall $q = \mathfrak{q}$ übertragen, wobei v jetzt einen beliebigen von Null verschiedenen Vektor von V_1 bezeichne. Dass $\tau v \in V_2$ gilt, ist ersichtlich, wenn wir die Weil-Paarung in Betracht ziehen. Da die Darstellung $V_q(E)$ zweidimensional ist, reicht es, die folgende Proposition zu zeigen:

Proposition 5. *Für jede elliptische Kurve $E/\mathbb{Q}$ mit CM mit $\mathcal{O}_K$ ist die Galoisdarstellung*

$$\varsigma : G_K \longrightarrow \mathrm{Aut}(V_q(E))$$

reduzibel für alle Primzahlen q.

Beweis. Im CM-Fall haben wir einen Monomorphismus $\mathcal{O}_K \to \mathrm{End}(V_q(E))$ und die Galoisoperation von G_K auf $V_q(E)$ ist $\mathcal{O}_K$-linear. Genauer ist der Tate-Modul $T_q(E)$ ist ein freier $\mathbb{Z}_q \otimes \mathcal{O}_K$-Modul vom Rang 1 (vgl. [Sil94, II. 1.4]). Daraus folgt, dass G_K kommutativ auf $V_q(E)$ operiert. Also ς ist reduzibel. □

Somit können wir für die q-adische Realisierung von $\mathrm{Sym}^2 E \otimes E_{/\mathbb{Q}}$ genauso argumentieren wie im zerlegten Fall.

Lemma 2.3. *Für jede in K träge Primzahl q, bei der $E/\mathbb{Q}$ gute Reduktion hat, ist $\mathrm{Ind}_{G_K}^{G_\mathbb{Q}}(\rho_q^{\otimes 3}) \oplus 2\left(\mathrm{Ind}_{G_K}^{G_\mathbb{Q}}(\rho_q) \otimes V_q(\mu)\right)$ die q-adische Realisierung von $\mathrm{Sym}^2 E \otimes E_{/\mathbb{Q}}$.*

---

[1] $[\,\cdot\,, K^{\mathrm{ab}}/K] : I_K \to \mathrm{Gal}(K^{\mathrm{ab}}/K)$ ist surjektiv.

2.2.3 Der archimedische Fall

Um den Gamma-Faktor zu $\mathrm{Sym}^2 E \otimes E_{/\mathbb{Q}}$ zu bestimmen, müssen wir zunächst die *Weilgruppen* zu $\mathbb{C}$ bzw. $\mathbb{R}$ einführen. Für die allgemeine Definition der Weilgruppen verweisen wir auf [Del70, 1.3] und [Tat79, §1].

Definition 2.4. Die Weilgruppe $W_\mathbb{C}$ zu $\mathbb{C}$ ist definiert als die multiplikative Gruppe von $\mathbb{C}$:
$$W_\mathbb{C} := \mathbb{C}^\times,$$
und die Weilgruppe $W_\mathbb{R}$ zu $\mathbb{R}$ ist definiert als die disjunkte Vereinigung
$$W_\mathbb{R} := \mathbb{C}^\times \cup j\mathbb{C}^\times$$
mit einem j, welches den folgenden Bedingungen genügt:
$$j^2 = -1 \quad \text{und} \quad jzj^{-1} = \tau z \text{ für alle } z \in \mathbb{C}^\times,$$
hierbei bezeichne τ die komplexe Konjugation.

Wir können gemäß der obigen Definition die komplexe Weilgruppe $W_\mathbb{C}$ in die reelle Weilgruppe $W_\mathbb{R}$ einbetten.

Die zu $E/\mathbb{Q}$ gehörige Weilgruppendarstellung $\rho_{E,\infty}$

Die *Betti-Kohomologie* (vgl. [Tat79, §4.4] und §1.4) $H^1_B(E/\mathbb{Q},\mathbb{C})$ zu $E/\mathbb{Q}$ hat bekanntlich die folgende *Hodge-Zerlegung*
$$H^1_B(E/\mathbb{Q},\mathbb{C}) = H^{(1,0)} \oplus H^{(0,1)} \tag{2.5}$$
mit eindimensionalen $\mathbb{C}$-Untervektorräumen $H^{(1,0)}$ und $H^{(0,1)}$. Die Operation der Weilgruppe $W_\mathbb{R}$ auf $H^1_B(E/\mathbb{Q},\mathbb{C})$ wird wie folgt beschrieben, vgl. [Tat79, §4.4]:

(a) Jedes $z \in W_\mathbb{C} = \mathbb{C}^\times$ operiert als Multiplikation mit $z^{-1}\tau(z)^{-0} = z^{-1}$ auf $H^{(1,0)}$ und als Multiplikation mit $z^0 \tau(z)^{-1} = \tau(z)^{-1}$ auf $H^{(0,1)}$.

(b) Das Element j entspricht der komplexen Konjugation, es vertauscht die beiden Unterräume: $j(H^{(1,0)}) = H^{(0,1)}$, $j(H^{(0,1)}) = H^{(1,0)}$.

Sei nun u ein von Null verschiedener Vektor in $H^{(1,0)}$. Sein Bild in $H^{(0,1)}$ unter j bezeichnen wir mit ju, dies ist also ein Basisvektor von $H^{(0,1)}$. Wegen $j^2 = -1$ haben wir $j(ju) = -u$. Durch Identifikation von u mit $(u,0)$ und ju mit $(0,ju)$ können wir $\{u, ju\}$ als eine Basis von $H^1_B(E/\mathbb{Q},\mathbb{C})$ festlegen, somit haben wir

$$\begin{aligned}
\rho_{E,\infty}: W_\mathbb{R} &\longrightarrow GL_2(\mathbb{C}) \cong \mathrm{Aut}(H^1_B(E/\mathbb{Q},\mathbb{C})) \\
z &\longmapsto \begin{pmatrix} z & 0 \\ 0 & \tau z \end{pmatrix} \text{ für alle } z \in W_\mathbb{C}, \\
j &\longmapsto \begin{pmatrix} 0 & 1 \\ -1 & 0 \end{pmatrix}.
\end{aligned} \tag{2.6}$$

2.2. DARSTELLUNG ALS PRODUKT DER HECKE-L-FUNKTIONEN

Der Gamma-Faktor zur Weilgruppendarstellung $\rho_{E,\infty}$ lautet nach Serre[2] [Ser70, §3, (19), §3.2, (25)]:

$$\Gamma_\infty(E,s) = \Gamma_\mathbb{C}(s) = (2\pi)^{-s}\Gamma(s). \tag{2.7}$$

Die zu $\psi_{E/K}$ gehörige Weilgruppendarstellung $\rho_{\psi_{E/K},\infty}$

Der Größencharakter $\psi_{E/K}$ induziert eine eindimensionale Darstellung der komplexen Weilgruppe $W_\mathbb{C} = \mathbb{C}^\times$. Da $\psi_{E/K}$ vom Unendlichtyp $(1,0)$ ist, haben wir

$$\begin{aligned}\rho_{\psi_{E/K},\infty}: W_\mathbb{C} &\longrightarrow \mathrm{GL}_1(\mathbb{C})\\ z &\longmapsto z.\end{aligned}$$

Der Gamma-Faktor berechnet sich nach [Ser70, §3, (19)§3.2, (22)] wie folgt[3]:

$$\Gamma_\infty(\rho_{\psi_{E/K},\infty}, s) = \Gamma_\mathbb{C}(s) = (2\pi)^{-s}\Gamma(s). \tag{2.8}$$

Wie in §2.2.1 kennen wir die folgende

Definition 2.5. Die induzierte Darstellung von $\rho_{\psi_{E/K},\infty}$ auf $W_\mathbb{R}$ ist gegeben durch

$$\mathrm{Ind}_{W_\mathbb{C}}^{W_\mathbb{R}} \rho_{\psi_{E/K},\infty} = \mathbb{C}[W_\mathbb{R}] \otimes_{\mathbb{C}[W_\mathbb{C}]} \rho_{\psi_{E/K},\infty} = \mathbb{C}[W_\mathbb{R}/W_\mathbb{C}] \otimes_\mathbb{C} \rho_{\psi_{E/K},\infty}.$$

Bemerkung. Die Übereinstimmung von (2.8) mit (2.7) liegt daran, dass die Definition der Gamma-Faktoren von Serre [Ser70, §3.1, §3.2] dem *Artin-Formalismus* (Verallgemeinerung von [Neu92, VII. 10.4]; wir ersetzen dort die Galoisgruppen durch die entsprechenden Weilgruppen und erhalten den gleichen Formalismus) genügt, denn es gilt: $\rho_{E,\infty} \cong \mathrm{Ind}_{W_\mathbb{C}}^{W_\mathbb{R}} \rho_{\psi_{E/K},\infty}$.

Vergleich der Weilgruppendarstellungen

Die reelle Weilgruppe $W_\mathbb{R}$ operiert folgendermaßen auf $\mathbb{C}[W_\mathbb{R}/W_\mathbb{C}] \otimes_\mathbb{C} \rho_{\psi_{E/K},\infty}$:

$$\begin{aligned}j \bullet (1 \otimes x) &= j \otimes x,\\ j \bullet (j \otimes x) &= -(1 \otimes x),\end{aligned} \tag{2.9}$$

und

$$\begin{aligned}z \bullet (1 \otimes x) &= 1 \otimes z^{-1}x = z^{-1}(1 \otimes x),\\ z \bullet (j \otimes x) &= j \otimes (\tau z)^{-1}x = (\tau z)^{-1}(j \otimes x)\end{aligned} \tag{2.10}$$

für ein beliebiges $z \in W_\mathbb{C}$.

---

[2] Wir setzen für unsere Situation $(p,q) = (0,1)$ in [Ser70, §3.2, (25)] ein.
[3] Wir setzen jetzt $(p,q) = (1,0)$ in [Ser70, §3.2, (22)] ein.

Des Weiteren ist die Operation von $W_\mathbb{R}$ auf $H_B(\mathbb{Q}(1))$ wie folgt beschrieben:

(a) Jedes $z \in W_\mathbb{C}$ operiert als Multiplikation mit $z^{-1}(\tau z)^{-1}$.

(b) Das Element j operiert als Multiplikation mit -1.

Bezeichnen wir nun die zu $\mathrm{Sym}^2 E \otimes E_{/\mathbb{Q}}$ gehörige Darstellung der Weilgruppe $W_\mathbb{R}$ mit $\rho_{\mathrm{Sym}^2 E \otimes E_{/\mathbb{Q}}, \infty}$, so können wir das folgende Resultat formulieren:

Lemma 2.6. *Wir haben den folgenden Isomorphismus der Darstellungen der reellen Weilgruppe $W_\mathbb{R}$:*

$$\rho_{\mathrm{Sym}^2 E \otimes E_{/\mathbb{Q}}, \infty} \cong \mathrm{Ind}_{W_\mathbb{C}}^{W_\mathbb{R}}(\rho_{\psi_{E/K}, \infty}^{\otimes 3}) \oplus 2\left(\mathrm{Ind}_{W_\mathbb{C}}^{W_\mathbb{R}}(\rho_{\psi_{E/K}, \infty}) \otimes H_B(\mathbb{Q}(1))\right).$$

Beweis. Ganz analog wie in Lemma 2.2 für den zerlegten Fall betrachten wir die Operation von einem beliebigen $z \in W_\mathbb{C}$ und die Operation von j jeweils auf einer Basis der linken und der rechten Seite. Wir wählen einen von Null verschiedenen Vektor u von $H^{(1,0)}$, dann ist ein Basis von $\rho_{\mathrm{Sym}^2 E \otimes E_{/\mathbb{Q}}, \infty}$ gegeben durch $B = \{b_1, b_2, b_3, b_4, b_5, b_6\}$ mit

$$\begin{aligned}
b_1 &:= u \otimes u \otimes u, \\
b_2 &:= ju \otimes ju \otimes ju, \\
b_3 &:= u \otimes ju \otimes u + ju \otimes u \otimes u, \\
b_4 &:= u \otimes ju \otimes ju + ju \otimes u \otimes ju, \\
b_5 &:= u \otimes u \otimes ju, \\
b_6 &:= ju \otimes ju \otimes u.
\end{aligned}$$

Wir fixieren einen von Null verschiedenen Vektor $v \in \rho_{\psi_{E/K}, \infty}$ und einen von Null verschiedenen Vektor w von $H_B(\mathbb{Q}(1))$. Dann bilden die Vektoren

$$\begin{aligned}
b_1' &:= (1 \otimes v) \oplus 0 \oplus 0, \\
b_2' &:= (j \otimes v) \oplus 0 \oplus 0, \\
b_3' &:= 0 \oplus (1 \otimes v \otimes w) \oplus 0, \\
b_4' &:= 0 \oplus (j \otimes v \otimes w) \oplus 0, \\
b_5' &:= 0 \oplus 0 \oplus (1 \otimes v \otimes w), \\
b_6' &:= 0 \oplus 0 \oplus (j \otimes v \otimes w).
\end{aligned}$$

eine Basis B' von $\mathrm{Ind}_{W_\mathbb{C}}^{W_\mathbb{R}}(\rho_{\psi_{E/K}, \infty}^{\otimes 3}) \oplus 2\left(\mathrm{Ind}_{W_\mathbb{C}}^{W_\mathbb{R}}(\rho_{\psi_{E/K}, \infty}) \otimes H_B(\mathbb{Q}(1))\right)$.

Mit Blick auf (2.6), (2.9) und (2.10) ergibt sich, dass die Abbildungsmatrizen $M_B(j)$ und $M_{B'}(j)$ die Gestalt

$$M_B(j) = M_{B'}(j) = \begin{pmatrix} 0 & 1 & 0 & 0 & 0 & 0 \\ -1 & 0 & 0 & 0 & 0 & 0 \\ 0 & 0 & 0 & -1 & 0 & 0 \\ 0 & 0 & 1 & 0 & 0 & 0 \\ 0 & 0 & 0 & 0 & 0 & -1 \\ 0 & 0 & 0 & 0 & 1 & 0 \end{pmatrix}$$

2.2. DARSTELLUNG ALS PRODUKT DER HECKE-L-FUNKTIONEN

haben. Analog haben zu einem beliebigen $z \in W_{\mathbb{C}} = \mathbb{C}^{\times}$ die Abbildungsmatrizen folgende Gestalt:

$$M_B(z) = M_{B'}(z) = \begin{pmatrix} z^{-3} & 0 & 0 & 0 & 0 & 0 \\ 0 & (\tau z)^{-3} & 0 & 0 & 0 & 0 \\ 0 & 0 & z^{-2}(\tau z)^{-1} & 0 & 0 & 0 \\ 0 & 0 & 0 & z^{-1}(\tau z)^{-2} & 0 & 0 \\ 0 & 0 & 0 & 0 & z^{-2}(\tau z)^{-1} & 0 \\ 0 & 0 & 0 & 0 & 0 & z^{-1}(\tau z)^{-2} \end{pmatrix}.$$

Somit ist das Lemma bewiesen. □

2.2.4 Schlussfolgerung

Als unmittelbare Konsequenz aus den Ergebissen in vorigen Abschnitten ergibt sich die folgende

Proposition 6. *Es gilt:*

$$L(\mathrm{Sym}^2 E \otimes E_{/\mathbb{Q}}, s) = L(\psi^3_{E/K}, s) \cdot L(\psi^2_{E/K} \bar{\psi}_{E/K}, s)^2.$$

Beweis. Es folgt zunächst aus Lemma 2.2 und Lemma 2.3, dass

$$L^{(\infty)}(\mathrm{Sym}^2 E \otimes E_{/\mathbb{Q}}, s) = L^{(\infty)}\left(\left(\mathrm{Ind}_{G_K}^{G_{\mathbb{Q}}}(\rho_q^{\otimes 3})\right)_q, s\right) \cdot L^{(\infty)}\left(\left(\mathrm{Ind}_{G_K}^{G_{\mathbb{Q}}}(\rho_q) \otimes V_q(\mu)\right)_q, s\right)^2,$$

hierbei bestehe die Ausnahmemenge S der kompatiblen Systeme $\left(\mathrm{Ind}_{G_K}^{G_{\mathbb{Q}}}(\rho_q^{\otimes 3})\right)_q$ und $\left(\mathrm{Ind}_{G_K}^{G_{\mathbb{Q}}}(\rho_q) \otimes V_q(\mu)\right)_q$ aus denjenigen Primstellen, wo $E/\mathbb{Q}$ schlechte Reduktion hat. Da der Tate-Twist Verschiebung um 1 verursacht, erhalten wir unter Verwendung des *Artin-Formalismus* (vgl. [Neu92, S. 544]):

$$\begin{aligned} \text{rechte Seite} &= L^{(\infty)}((\rho_q^{\otimes 3})_q, s) \cdot L^{(\infty)}((\rho_q)_q, s-1)^2 \\ &= L^{(\infty)}(\psi^3_{E/K}, s) \cdot L^{(\infty)}(\psi_{E/K}, s-1)^2 \\ &= L^{(\infty)}(\psi^3_{E/K}, s) \cdot L^{(\infty)}(\psi^2_{E/K} \bar{\psi}_{E/K}, s)^2. \end{aligned}$$

Nicht zuletzt liefert Lemma 2.6 die Gleichheit der Gamma-Faktoren der beiden Seiten der zu zeigenden Gleichung. Somit folgt die Proposition. □

In vollständiger Analogie zur obigen Proposition gilt über K die Produktzerlegung

$$L(\mathrm{Sym}^2 E \otimes E_{/K}, s) = L(\psi^3_{E/K}, s)^2 \cdot L(\psi^2_{E/K} \bar{\psi}_{E/K}, s)^4,$$

indem man die Tatsache $L(\psi^a_{E/K} \bar{\psi}^b_{E/K}, s) = L(\psi^b_{E/K} \bar{\psi}^a_{E/K}, s)$ heranzieht, siehe auch §2.2.5, Lemma 2.7. Eine weitere Möglichkeit, die obige Zerlegung zu zeigen, ist unter Benutzung des quadratischen Charakters ε_0 zu $K/\mathbb{Q}$, vgl. z. B. [Bum97, §1.8].

2.2.5 Rankin-Selberg-L-Funktionen mit Twists

Nunmehr wenden wir uns der getwisteten Rankin-Selberg-L-Funktion zur automorphen Darstellung $\mathrm{Sym}^2 E \otimes E_{/\mathbb{Q}}$ zu.

Hierfür sei $\chi : I_\mathbb{Q} \longrightarrow \mathbb{C}^\times$ ein Größencharakter mit p-Potenz-Führer. Das bedeutet, dass Kern$\chi = I_\mathbb{Q}^{p^n} \mathbb{Q}^\times$ für ein $n \in \mathbb{N}_0$. Folglich können wir χ als einen Charakter von $C_\mathbb{Q}/C_\mathbb{Q}^{p^n}$ betrachten mit $C_\mathbb{Q}^{p^n} = I_\mathbb{Q}^{p^n} \mathbb{Q}^\times / \mathbb{Q}^\times$ der Kongruenzuntergruppe modulo p^n. Dies ist aber via Klassenkörpertheorie isomorph zu $\mathrm{Gal}(\mathbb{Q}(\mu_{p^n})/\mathbb{Q})$. Somit ist χ auch ein zyklotomischer Galoischarakter.

Lemma 2.7. *Sei $\mathcal{N}_{K/\mathbb{Q}}$ die Normabbildung bzgl. der Körpererweiterung $K/\mathbb{Q}$. Dann gilt für alle ganzrationalen Zahlen a, b:*

$$L(\psi_{E/K}^a \bar\psi_{E/K}^b \cdot \chi \circ \mathcal{N}_{K/\mathbb{Q}}, s) = L(\psi_{E/K}^b \bar\psi_{E/K}^a \cdot \chi \circ \mathcal{N}_{K/\mathbb{Q}}, s).$$

Beweis. Wir bestätigen die Gültigkeit der behaupteten Gleichung durch Vergleich der Eulerfaktoren. Dabei genügt es, nur die in K zerlegten Primstellen $q = \mathfrak{q}\bar{\mathfrak{q}}$ zu betrachten. Offenbar gilt:

$$\chi \circ \mathcal{N}_{K/\mathbb{Q}}(\mathfrak{q}) = \chi \circ \mathcal{N}_{K/\mathbb{Q}}(\bar{\mathfrak{q}}),$$

somit haben wir aufgrund von $\psi_{E/K}(\bar{\mathfrak{a}}) = \bar\psi_{E/K}(\mathfrak{a})$ für alle $\mathfrak{a} \triangleleft \mathcal{O}_K$ mit $(\mathfrak{a}, \mathfrak{f}_E) = 1$ die Gleichung

$$L_\mathfrak{q}(\psi_{E/K}^a \bar\psi_{E/K}^b \cdot \chi \circ \mathcal{N}_{K/\mathbb{Q}}, s) = L_{\bar{\mathfrak{q}}}(\psi_{E/K}^b \bar\psi_{E/K}^a \cdot \chi \circ \mathcal{N}_{K/\mathbb{Q}}, s).$$

Nicht zuletzt lässt sich die Gleichheit der Gamma-Faktoren wie in [dS87, II. 1] nachweisen. □

Konvention. Der Einfachheit halber schreiben wir ab jetzt $\chi_{/K}$ statt $\chi \circ \mathcal{N}_{K/\mathbb{Q}}$.

Schließlich formulieren wir den folgenden Satz, dessen Beweis sich später in §2.4 findet:

Satz 2.8. *Für alle Größencharaktere χ auf $I_\mathbb{Q}$ mit p-Potenz-Führer gilt:*

$$L(\mathrm{Sym}^2 E \otimes E_{/\mathbb{Q}} \otimes \chi, s) = L(\psi_{E/K}^3 \cdot \chi_{/K}, s) \cdot L(\psi_{E/K}^2 \bar\psi_{E/K} \cdot \chi_{/K}, s)^2.$$

Nachdem wir die Produktdarstellung der Funktion $L(\mathrm{Sym}^2 E \otimes E_{/\mathbb{Q}} \otimes \chi_{/K}, s)$ hergeleitet haben, wollen wir jetzt auf ihre Eulerfaktoren eingehen.

2.3 Eulerfaktoren an den Stellen schlechter Reduktion

In diesem Abschnitt verwenden wir die folgenden Bezeichnungen:

q = eine Primzahl, an welcher die elliptische Kurve $E/\mathbb{Q}$ schlechte Reduktion hat,
m = eine ganzrationale Zahl, $m \geq 3$ und $(q, m) = 1$,
H = $\mathbb{Q}_q(E[m])$,
I_q = die Trägheitsgruppe der Erweiterung $H/\mathbb{Q}_q$,
   sie ist unabhängig von m, vgl. [Ser72].

2.3. EULERFAKTOREN AN DEN STELLEN SCHLECHTER REDUKTION

Die Trägheitsgruppe I_q kann man relativ explizit beschreiben (vgl. [Ser72]):

(a) q >3. Dann ist $I_q \cong \mathbb{Z}/2\mathbb{Z}, \mathbb{Z}/3\mathbb{Z}, \mathbb{Z}/4\mathbb{Z}$ oder $\mathbb{Z}/6\mathbb{Z}$.

(b) q =3. Ist I_q abelsch, dann ist $I_q \cong \mathbb{Z}/2\mathbb{Z}, \mathbb{Z}/3\mathbb{Z}, \mathbb{Z}/4\mathbb{Z}$ oder $\mathbb{Z}/6\mathbb{Z}$;

Ist I_q nicht-abelsch, dann ist $I_q \cong \mathbb{Z}/4\mathbb{Z} \ltimes \mathbb{Z}/3\mathbb{Z}$

(c) q =2. Ist I_q abelsch, dann ist $I_q \cong \mathbb{Z}/2\mathbb{Z}, \mathbb{Z}/3\mathbb{Z}, \mathbb{Z}/4\mathbb{Z}$ oder $\mathbb{Z}/6\mathbb{Z}$;

Ist I_q nicht-abelsch, dann ist $I_q \cong \mathbf{Q}_8$ oder $\mathrm{SL}_2(\mathbb{F}_3)$, wobei $\mathbf{Q}_8$ die

Quaternionengruppe der Ordnung 8 bezeichne.

Bevor wir in die Berechnung der Eulerfaktoren an schlechten Stellen eintreten, sei noch folgender Sachverhalt bemerkt:

Feststellung 2.9. *Für eine beliebige Primzahl q haben wir die folgende Äquivalenz:*

q ist unverzweigt in $K/\mathbb{Q}$ und $q \nmid \mathcal{N}(\mathfrak{f}_E) \iff E/\mathbb{Q}$ hat gute Reduktion bei q.

Bemerkung. Die obige Äquivalenz zeigt sich auch in der Darstellung

$$L_q(E/K,T) \begin{cases} (1-\psi_{E/K}(\mathfrak{q})T)(1-\psi_{E/K}(\bar{\mathfrak{q}})T), & \text{falls } q = \mathfrak{q}\bar{\mathfrak{q}} \text{ in } K \\ 1-\psi_{E/K}(\mathfrak{q})T^2, & \text{falls } q = \mathfrak{q} \text{ in } K \\ 1, & \text{falls } q = \mathfrak{q}^2 \text{ in } K. \end{cases}$$

siehe [Sil94, II].

Für die Berechnung sei q zunächst eine beliebige Primzahl und zur Konvention sei $\mathfrak{q}$ stets ein über q gelegenes Primideal in K. Wir formulieren das

Lemma 2.10. *Das Inverse $D_q = L_q(\mathrm{Sym}^2 E \otimes E_{/\mathbb{Q}}, s)^{-1}$ des lokalen Eulerfaktors sieht wie unten aufgelistet aus:*

(i) Angenommen, $|I_q| > 3$. Dann ist $D_q(T) = 1$.

(ii) Angenommen, $|I_q| = 3$. Dann ist

$$D_q(T) = \begin{cases} 1 - q^3 T^2, & \text{falls } H/\mathbb{Q}_q \text{ abelsch ist,} \\ 1 + q^3 T^2, & \text{sonst .} \end{cases}$$

(iii) Angenommen, $|I_q| = 2$. Dann ist $D_q(T) = 1$.

Der Bequemlichkeit halber benutzen wir im Beweis die duale Normierung zu der, die wir in §1.3.4 festgelegt haben. D. h. wir nehmen $H^1_l(E)$ statt $V_l(E)$ und den arithmetischen Frobenius statt des geometrischen Frobenius. Nach dieser dualen Normierung entstehen immer noch die gleichen Eulerfaktoren.

Beweis. Angenommen, I_q ist zyklisch von der Ordnung $d > 2$. Wir wählen eine von q verschiedene Primzahl l, setzen $F := \mathbb{Q}_q(E[l^n])$, und identifizieren I_q mit der Trägheitsgruppe zur Erweiterung $F/\mathbb{Q}_q$. Des Weiteren sei τ ein Erzeuger von I_q und wir definieren

$$V := H_l^1(E) \otimes_{\mathbb{Q}_l} \overline{\mathbb{Q}}_l.$$

Nach [CS87] kann man V folgendermaßen zerlegen:

$$V = V(\zeta) \oplus V(\zeta^{-1}).$$

wobei ζ eine primitive d-te Einheitswurzel und $V(\zeta)$ bzw. $V(\zeta^{-1})$ der eindimensionale Eigenraum von τ zum Eigenwert ζ bzw. ζ^{-1} ist.

Sind nun u und v jeweils ein Basisvektor von $V(\zeta)$ bzw. $V(\zeta^{-1})$, so bilden sich

$$\begin{aligned}
b_1 &:= u \otimes u \otimes u \\
b_2 &:= u \otimes u \otimes v \\
b_3 &:= v \otimes v \otimes u \\
b_4 &:= v \otimes v \otimes v \\
b_5 &:= u \otimes v \otimes u + v \otimes u \otimes u \\
b_6 &:= u \otimes v \otimes v + v \otimes u \otimes v
\end{aligned}$$

eine Basis von $\mathrm{Sym}^2 E \otimes E_{/\mathbb{Q}} \otimes_{\mathbb{Q}_l} \overline{\mathbb{Q}}_l$ aus Eigenvektoren von τ. Außerdem wissen wir nach [ST68], dass für das geometrische Frobenius $\sigma \in \mathrm{Gal}(F/\mathbb{Q}_q)$

$$\det(1 - \sigma T \mid V) = (1 - \alpha_q T)(1 - \beta_q T)$$

für geeignete $\alpha_q, \beta_q \in \mathbb{C}$ mit $\alpha_q \beta_q = q$ gilt.

Nun untersuchen wir die Eulerfaktoren an denjenigen Stellen, wo die elliptische Kurve $E/\mathbb{Q}$ schlechte Reduktion hat, in einzelnen Fällen.

(i) Sei I_q zunächst von der Ordnung 2. Diese Bedingung impliziert, dass es einen quadratischen Twist E' von E gibt mit guter Reduktion bei q. $\mathrm{Sym}^2(H_l^1 E)$ ist isomorph zu $\mathrm{Sym}^2(H_l^1 E')$ und bleibt demnach fix unter der Trägheitsgruppe I_q. Der Fixraum $(\mathrm{Sym}^2(H_l^1 E) \otimes H_l^1 E)^{I_q} = \mathrm{Sym}^2(H_l^1 E) \otimes (H_l^1 E)^{I_q} = 0$, da für eine elliptische Kurve A über $\mathbb{Q}$ mit CM mit $\mathcal{O}_K$ der Fixraum von $H_l^1(A)$ unter I_q entweder der ganze Raum $H_l^1(A)$ oder der Nullraum (vgl. [Sil94, S. 185, Exe. 2.32]) ist. Daraus erhalten wir unmittelbar

$$\det\left(1 - \sigma T \mid (\mathrm{Sym}^2(H_l^1 E) \otimes H_l^1 E)^{I_q}\right) = 1.$$

(ii) Sei nun I_q zyklisch von der Ordnung $d > 3$. Die Eigenwerte von τ bzgl. dieser Basisvektoren sind alle von der Form $\zeta^i, i \in \{-3, -1, 1, 3\}$, weshalb der Fixraum $(\mathrm{Sym}^2(H_l^1 E) \otimes H_l^1 E)^{I_q}$ der Nullraum sein muss. In diesem Fall haben wir schließlich ebenfalls

$$D_q(T) = 1.$$

2.3. EULERFAKTOREN AN DEN STELLEN SCHLECHTER REDUKTION

(iii) Sei nun I_q von der Ordnung 3: $I_q = \{1, \tau, \tau^2\}$. Wir betrachten zunächst den
1. Fall: $F/\mathbb{Q}_q$ sei abelsch.
Genauso wie in (ii) können wir die Eigenwerte von τ bzgl. der Basisvektoren $b_1, \ldots, b_6$ berechnen und erhalten

$$(\operatorname{Sym}^2(H_l^1 E) \otimes H_l^1 E)^{I_q} = \langle b_1, b_4 \rangle.$$

In [ST68] haben Serre und Tate gezeigt, dass der geometrische Frobenius $\sigma \in \operatorname{Gal}(F/\mathbb{Q}_q)$ die Eigenräume $V(\zeta)$ und $V(\zeta^{-1})$ invariant lässt und zwar mit

$$\sigma(u) = \alpha_q u, \quad \sigma(v) = \beta_q(v).$$

Hierbei sind $\alpha_q, \beta_q \in \mathbb{C}$ und $\alpha_q \beta_q = q$. Somit haben wir

$$\sigma(b_1) = \alpha_q^3 b_1, \quad \sigma(b_4) = \beta_q^3 b_4,$$

und infolgedessen

$$D_q(T) = 1 - q^3 T^2.$$

2. Fall: $H/\mathbb{Q}_q$ sei nicht-abelsch.
Die Bezeichnungen seien wie zuvor. Da $\operatorname{Gal}(F/\mathbb{Q}_q)$ von σ und τ erzeugt wird, haben wir $\sigma\tau \neq \tau\sigma$. Aufgrund $I_q \triangleleft \operatorname{Gal}(F/\mathbb{Q}_q)$ ist $\sigma^{-1}\tau^{-1}\sigma = \tau$ (vgl. [CS87]). Ohne Einschränkung dürfen wir u und v so wählen, dass $\sigma(u) = v$. Betrachten wir die Operation von $\tau = \sigma^{-1}\tau^{-1}\sigma$ auf den Basisvektoren b_i in gleicher Weise wie im ersten Fall mit $F/\mathbb{Q}_q$ abelsch, so erhalten wir

$$(\operatorname{Sym}^2 E \otimes E_{/\mathbb{Q}})^{I_q} = \langle b_1, b_4 \rangle.$$

Wir wissen bereits, dass $\sigma(u) = v$ und $\sigma(v) = \lambda u$ für ein $\lambda \in \mathbb{C}$, folglich gilt:

$$\sigma(b_1) = \sigma(u \otimes u \otimes u) = v \otimes v \otimes v = b_4$$

und

$$\sigma(b_4) = \sigma(v \otimes v \otimes v) = \lambda^3(u \otimes u \otimes u) = \lambda^3 b_1.$$

Die Abbildungsmatrix von σ bzgl. $\{b_1, b_4\}$ lautet also $\begin{pmatrix} 0 & 1 \\ \lambda^3 & 0 \end{pmatrix}$. Andererseits wissen wir aber auch, dass $\sigma(u \otimes v) = -q(v \otimes u)$ (vgl. [CS87, S. 109]), weshalb λ gleich $-q$ sein muss. Es folgt daraus, dass

$$D_q(T) = 1 + q^3 T^2.$$

(iv) Zum Schluss nehmen wir an, dass I_q nicht zyklisch ist. I_q hat zwei mögliche Strukturen: $\operatorname{SL}_2(\mathbb{F}_3)$ oder $\mathbf{Q}_8$.
1. Fall: $I_q \cong \operatorname{SL}_2(\mathbb{F}_3) \cong \langle \tau \rangle \rtimes \mathbb{Z}/4\mathbb{Z}$, $\operatorname{ord}(\tau) = 3$.
Erinnert sei an den Vektorraum $V = H_l^1(E) \otimes_{\mathbb{Q}_l} \overline{\mathbb{Q}}_l$. Analog zum Anfang dieses Beweises haben wir die Zerlegung von V in die direkte Summe

$$V = V(\zeta) \oplus V(\zeta^{-1})$$

des eindimensionalen Eigenraums von τ zum Eigenwert ζ und des eindimensionalen Eigenraums von τ zum Eigenwert ζ^{-1}. Weiter gibt es ein $\lambda \in I_q$, sodass

$$I_q = \langle \lambda, \tau \rangle \quad \text{und} \quad \lambda\tau = \tau^2\lambda,$$

vgl. [CS87, S. 109]. λ vertauscht also die Eigenräume $V(\zeta)$ und $V(\zeta^{-1})$. Wiederum dürfen wir ohne Einschränkung annehmen, dass

$$\lambda(u) = v,$$

und folgern leicht daraus, dass

$$\lambda^2(u) = -u.$$

Eine leichte Rechnung zeigt, dass $\{b_i\}_{1 \leq i \leq 6}$ nun eine Basis von $\mathrm{Sym}^2(H_l^1 E) \otimes H_l^1 E$ aus lauter Eigenvektoren von λ^2 zum Eigenwert -1 ist. Deshalb ist der Fixraum

$$\left(\mathrm{Sym}^2(H_l^1 E) \otimes H_l^1 E\right)^{I_q} = 0.$$

2. Fall: $I_q \cong \mathbf{Q}_8$.
Es seien τ und ρ Erzeuger von $\mathbf{Q}_8$ mit $\mathrm{ord}(\tau) = 4$ und den Relationen

$$\tau^4 = 1, \quad \tau^2 = \rho^2, \quad \rho\tau = \tau^3\rho. \tag{2.11}$$

Wir dürfen annehmen, dass

$$\rho(u) = v, \tag{2.12}$$

da ρ die Eigenräume $V(\zeta)$ und $V(\zeta^{-1})$ vertauscht (vgl. [CS87]). Mit Blick auf (2.11) schließen wir aus (2.12), dass

$$\rho^2(u) = \zeta^2 u \quad \text{und} \quad \rho^2(v) = \zeta^2 v.$$

Die b_i sind aber Eigenvektoren von ρ^2 zum Eigenwert $\zeta^6 = \zeta^2 \neq 1$, da die Ordnung von ζ vier ist. Diese Tatsache bestätigt, dass wir in diesem Fall ebenfalls

$$\left(\mathrm{Sym}^2(H_l^1 E) \otimes H_l^1 E\right)^{I_q} = 0.$$

haben. Somit ist der Beweis des Lemmas erbracht.

□

2.4 Vergleich der Eulerfaktoren

In diesem Abschnitt wollen wir die Gültigkeit der Gleichung

$$L(\mathrm{Sym}^2 E \otimes E_{/\mathbb{Q}} \otimes \chi_{/K}, s) = L(\psi_{E/K}^3 \cdot \chi_{/K}, s) \cdot L(\psi_{E/K}^2 \bar\psi_{E/K} \cdot \chi_{/K}, s)^2$$

nachweisen, indem wir die Eulerfaktoren der beiden Seiten miteinander vergleichen.

2.4. VERGLEICH DER EULERFAKTOREN

Aufgrund der bereits bewiesen Darstellung $L(\mathrm{Sym}^2 E \otimes E_{/\mathbb{Q}}, s) = L(\psi_{E/K}^3, s) \cdot L(\psi_{E/K}^2 \bar{\psi}_{E/K}, s)^2$ können wir zunächst die Eulerfaktoren von $L(\mathrm{Sym}^2 E \otimes E_{/\mathbb{Q}}, s)$ aufschreiben, dabei seien q eine beliebige Primzahl und $\mathcal{N}$ die Absolutnorm eines Ideals:

- Ist $q = \mathfrak{q}\bar{\mathfrak{q}}$ in K, so ist

$$L_q(\mathrm{Sym}^2 E \otimes E_{/\mathbb{Q}}, s) = \left(1 - \frac{\psi_{E/K}^3(\mathfrak{q})}{\mathcal{N}\mathfrak{q}^s}\right)\left(1 - \frac{\psi_{E/K}^3(\bar{\mathfrak{q}})}{\mathcal{N}\bar{\mathfrak{q}}^s}\right) \cdot$$
$$\left(1 - \frac{\psi_{E/K}^2 \bar{\psi}_{E/K}(\mathfrak{q})}{\mathcal{N}\mathfrak{q}^s}\right)^2 \left(1 - \frac{\psi_{E/K}^2 \bar{\psi}_{E/K}(\bar{\mathfrak{q}})}{\mathcal{N}\bar{\mathfrak{q}}^s}\right)^2 ;$$

- Ist $q = \mathfrak{q}$ in K, so ist

$$L_q(\mathrm{Sym}^2 E \otimes E_{/\mathbb{Q}}, s) = \left(1 - \frac{\psi_{E/K}^3(\mathfrak{q})}{\mathcal{N}\mathfrak{q}^s}\right)\left(1 - \frac{\psi_{E/K}^2 \bar{\psi}_{E/K}(\mathfrak{q})}{\mathcal{N}\mathfrak{q}^s}\right)^2 ,$$

dies ist andererseits aber auch gleich

$$\prod_{i=1}^{6}\left(1 - \frac{\lambda_i}{q^s}\right) \quad \text{mit Eigenwerten } \lambda_i \in \overline{\mathbb{Q}};$$

- Ist $q = \mathfrak{q}^2$ in K, so ist

$$L_q(\mathrm{Sym}^2 E \otimes E_{/\mathbb{Q}}, s) = \begin{cases} 1, & \text{falls } \psi_{E/K}^3 \text{ bei } \mathfrak{q} \text{ verzweigt ist,} \\ \left(1 - \frac{\psi_{E/K}^3(\mathfrak{q})}{\mathcal{N}\mathfrak{q}^s}\right)\left(1 - \frac{\psi_{E/K}^2 \bar{\psi}_{E/K}(\mathfrak{q})}{\mathcal{N}\mathfrak{q}^s}\right)^2, & \text{sonst.} \end{cases}$$

(2.13)

Nach unserer Berechnung aus vorigem Abschnitt ist das Inverse des Eulerfaktors der Darstellung $\mathrm{Sym}^2 E \otimes E_{/\mathbb{Q}}$ an Stellen der schlechten Reduktion aber ein Polynom vom Grad 0 oder 2. Mit Blick auf (2.13) liefert diese Tatsache die folgende

Feststellung 2.11. *Der primitive Größencharakter $\psi_{E/K}^3$ ist genau dann an einer in $K/\mathbb{Q}$ verzweigten Primstelle $\mathfrak{q}$ von K unverzweigt, wenn $\psi_{E/K}$ dort auch unverzweigt ist.*

Nun führen wir einen Vergleich der getwisteten Eulerfaktoren nach dem Verzweigungsverhalten der Primzahl q durch. Dazu vereinbaren wir vorerst eine Konvention: Wir setzen für alle $q \in \mathbb{P}$

$$\chi(q) = \begin{cases} \chi((\pi_q)), & \text{falls } q \neq p \\ 0, & \text{falls } q = p \end{cases}$$

wobei (π_q) das Idel $(1, \ldots, \pi_q, 1, \ldots)$ mit π_q an der Stelle q und sonst überall Einsen bezeichne. Es ist unschwer zu sehen, dass $\chi((\pi_q)) = \chi(\mathrm{Frob}_q)$, $\mathrm{Frob}_q \in \mathrm{Gal}(\overline{\mathbb{Q}}/\mathbb{Q})$ gilt.

<u>1.Fall:</u> $q = \mathfrak{q}\bar{\mathfrak{q}}$.

In diesem Fall ist $\mathcal{N}_{K/\mathbb{Q}}\mathfrak{q} = \mathcal{N}_{K/\mathbb{Q}}\bar{\mathfrak{q}} = q\mathbb{Z}$ und $\mathcal{N}\mathfrak{q} = \mathcal{N}\bar{\mathfrak{q}} = q$. Demnach haben wir

$$\begin{aligned}&L_q(\mathrm{Sym}^2 E \otimes E_{/\mathbb{Q}} \otimes \chi, s) \\ &= \left(1 - \frac{\psi_{E/K}^3(\mathfrak{q})\chi(q)}{q^s}\right)\left(1 - \frac{\psi_{E/K}^3(\bar{\mathfrak{q}})\chi(q)}{q^s}\right) \cdot \\ &\quad \left(1 - \frac{\psi_{E/K}^2 \bar{\psi}_{E/K}(\mathfrak{q})\chi(q)}{q^s}\right)^2 \left(1 - \frac{\psi_{E/K}^2 \bar{\psi}_{E/K}(\bar{\mathfrak{q}})\chi(q)}{q^s}\right)^2.\end{aligned} \qquad (2.14)$$

- Ist $q = p$, so sind die getwisteten q-Eulerfaktoren alle gleich 1.
- Ist $q \neq p$, so ist $\chi(q) = \chi \circ \mathcal{N}_{K/\mathbb{Q}}(\mathfrak{q})$, da in diesem Fall q in $\mathbb{Q}(\mu_{p^\infty})/\mathbb{Q}$ unverzweigt ist, und (2.14) lässt sich weiter schreiben:

$$\begin{aligned}L_q(\mathrm{Sym}^2 E \otimes E_{/\mathbb{Q}} \otimes \chi, s) &= L_\mathfrak{q}(\psi_{E/K}^3 \cdot \chi_{/K}, s) \cdot L_{\bar{\mathfrak{q}}}(\psi_{E/K}^3 \cdot \chi_{/K}, s) \cdot \\ &\quad L_\mathfrak{q}(\psi_{E/K}^2 \bar{\psi}_{E/K} \cdot \chi_{/K}, s)^2 \cdot L_{\bar{\mathfrak{q}}}(\psi_{E/K}^2 \bar{\psi}_{E/K} \cdot \chi_{/K}, s)^2.\end{aligned}$$

<u>2.Fall: $q = \mathfrak{q}$.</u>

Zunächst beachten wir, dass es in diesem Fall $\mathfrak{q} \neq p$ ergibt. Wir haben $\mathcal{N}_{K/\mathbb{Q}}\mathfrak{q} = q^2\mathbb{Z}$ und $\mathcal{N}\mathfrak{q} = q^2$. Es gilt also

$$L_q(\mathrm{Sym}^2 E \otimes E_{/\mathbb{Q}} \otimes \chi, s) = \prod_{i=1}^{6}\left(1 - \frac{\lambda_i \chi(q)}{q^s}\right)$$

Wegen der Relation

$$\left(1 - \frac{\psi_{E/K}^3(\mathfrak{q})}{q^{2s}}\right)\left(1 - \frac{\psi_{E/K}^2 \bar{\psi}_{E/K}(\mathfrak{q})}{q^{2s}}\right)^2 = \prod_{i=1}^{6}\left(1 - \frac{\lambda_i}{q^s}\right)$$

erhalten wir

$$\left(1 - \frac{\psi_{E/K}^3(\mathfrak{q})\chi(q^2)}{q^{2s}}\right)\left(1 - \frac{\psi_{E/K}^2 \bar{\psi}_{E/K}(\mathfrak{q})\chi(q^2)}{q^{2s}}\right)^2 = \prod_{i=1}^{6}\left(1 - \frac{\lambda_i \chi(q)}{q^s}\right).$$

Im trägen Fall stimmen die Eulerfaktoren also auch überein.

<u>3.Fall: $q = \mathfrak{q}^2$.</u>

Im verzweigten Fall ist q ebenfalls ungleich p. Nach unserer vorigen Feststellung ist $V^{I_q} = 0$, wobei V den Darstellungsraum von $\mathrm{Sym}^2 E \otimes E_{/\mathbb{Q}}$ bezeichne. Bezeichnen wir den eindimensionalen Darstellungsraum von χ mit W, so schließen wir hieraus, dass $(V \otimes W)^{I_q} = V^{I_q} \otimes W = 0$. Der getwistete Eulerfaktor $L_q(\mathrm{Sym}^2 E \otimes E_{/\mathbb{Q}} \otimes \chi, s)$ ist also 1.

2.5. DIE KOMPLEXE FUNKTIONALGLEICHUNG

Fassen wir alle drei Fälle zusammen, so ist die Gültigkeit der Zerlegung

$$L^{(\infty)}(\mathrm{Sym}^2 E \otimes E_{/\mathbb{Q}} \otimes \chi, s) = L^{(\infty)}(\psi_{E/K}^3 \cdot \chi_{/K}, s) \cdot L^{(\infty)}(\psi_{E/K}^2 \bar{\psi}_{E/K} \cdot \chi_{/K}, s)^2$$

ersichtlich. In vollständiger Analogie zeigt man auch noch die folgende alternative Zerlegung:

$$L^{(\infty)}(\mathrm{Sym}^2 E \otimes E_{/\mathbb{Q}} \otimes \chi, s) = L^{(\infty)}(\bar{\psi}_{E/K}^3 \cdot \chi_{/K}, s) \cdot L^{(\infty)}(\psi_{E/K} \bar{\psi}_{E/K}^2 \cdot \chi_{/K}, s)^2.$$

Es sei bemerkt, dass hier nur die Eulerfaktoren an endlichen Stellen nachgerechnet werden. Die Gamma-Faktoren lassen sich wie in Lemma 2.6 und Proposition 6 behandeln.

2.5 Die komplexe Funktionalgleichung

In diesem Abschnitt leiten wir die komplexen Funktionalgleichung unserer Rankin-Selberg-L-Funktion $L(\mathrm{Sym}^2 E \otimes E_{/\mathbb{Q}}, s)$ mit verschiedenen Herangehensweisen her, genauer gesagt, einmal über Größencharaktere und einmal motivisch. Zunächst kommt die Herangehensweise über Größencharaktere.

2.5.1 Erste Herangehensweise via Größencharaktere

Es seien in diesem Abschnitt

N = Führer der elliptischen Kurve $E/\mathbb{Q}$,
ε_0 = quadratischer Charakter der Erweiterung $K/\mathbb{Q}$ gegeben durch das Kronecker-Symbol $\varepsilon_0(x) = \left(\frac{d_K}{x}\right)$,
c_{ε_0} = Führer von ε_0.

Die komplexe Funktionalgleichung wollen wir zuerst anhand der Darstellung

$$L(\mathrm{Sym}^2 E \otimes E_{/\mathbb{Q}}, s) = L(\psi_{E/K}^3, s) \cdot L(\psi_{E/K}^2 \bar{\psi}_{E/K}, s)^2$$

als Produkt der Hecke-L-Funktionen herleiten. Hierfür greifen wir auf [dS87, II. 1.1] zurück.

Der Größencharakter $\psi_{E/K}$ hat die Eigenschaft

$$\psi_{E/K}((a)) = a \quad \text{für alle } a \equiv 1 \bmod^\times \mathfrak{f}_E,$$

siehe Einführung, §1.2.4. Daher hat der primitive Größencharakter $\psi_{E/K}^3$ den Unendlichtyp $(3,0)$ und der primitive Größencharakter $\psi_{E/K}^2 \bar{\psi}_{E/K}$ den Unendlichtyp $(2,1)$. Nach de Shalit berechnet sich dann der Gamma-Faktor $L_\infty(\psi_{E/K}^3, s)$ zu $\psi_{E/K}^3$ wie folgt:

$$L_\infty(\psi_{E/K}^3, s) = \frac{\Gamma(s - \min(3,0))}{(2\pi)^{s-\min(3,0)}} = \frac{\Gamma(s)}{(2\pi)^s}.$$

Hieraus ergibt sich die vollständige Hecke-L-Funktion

$$\begin{aligned} L(\psi_{E/K}^3, s) &= L_\infty(\psi_{E/K}^3, s) \cdot L^{(\infty)}(\psi_{E/K}^3, s) \\ &= \Gamma(s)(2\pi)^{-s} \cdot L^{(\infty)}(\psi_{E/K}^3, s) \end{aligned} \qquad (2.15)$$

und die komplexe Funktionalgleichung für den L-Faktor $L(\psi_{E/K}^3, s)$ schreibt sich wie folgt:

$$R(\psi_{E/K}^3, s) = W_1 \cdot R(\bar{\psi}_{E/K}^3, 1 + k + j - s)$$

mit einer komplexen Konstanten W_1 von absolutem Betrag 1 und $k = 3, j = 0$, sowie

$$\begin{aligned} R(\psi_{E/K}^3, s) &:= (d_K \cdot \mathcal{N}\mathfrak{f}_E)^{s/2} \cdot L(\psi_{E/K}^3, s) \\ &= \Gamma(s)(2\pi)^{-s}(d_K \cdot \mathcal{N}\mathfrak{f}_E)^{s/2} \cdot L^{(\infty)}(\psi_{E/K}^3, s). \end{aligned} \qquad (2.16)$$

Bemerkung. Im CM-Fall gilt $N = c_{\varepsilon_0} \cdot \mathcal{N}\mathfrak{f}_E$ (vgl. [CS87, S. 141]). Der Führer c_{ε_0} des quadratischen Charakters ε_0 von $K/\mathbb{Q}$ ist gleich $|d_K|$, daher haben wir $d_K \cdot \mathcal{N}\mathfrak{f}_E = -N$. Nach Carayol [Car83] ist der Führer N von $E/\mathbb{Q}$ insbesondere auch die Stufe der zu $E/\mathbb{Q}$ assoziierten Modulform.

Genauer können wir die komplexe Funktionalgleichung zu $\psi_{E/K}^3$ also folgendermaßen darstellen:

$$\begin{aligned} &\Gamma(s)(2\pi)^{-s}(-N)^{s/2} \cdot L^{(\infty)}(\psi_{E/K}^3, s) \\ &= W_1 \cdot \Gamma(4-s)(2\pi)^{s-4} \cdot (-N)^{(4-s)/2} \cdot L^{(\infty)}(\bar{\psi}_{E/K}^3, 4-s). \end{aligned} \qquad (2.17)$$

In vollständiger Analogie berechnen wir die komplexe Funktionalgleichung für den L-Faktor $L(\psi_{E/K}^2 \bar{\psi}_{E/K}, s)$:

Wegen $L(\psi_{E/K}^2 \bar{\psi}_{E/K}, s) = \Gamma(s-1)(2\pi)^{1-s} \cdot L^{(\infty)}(\psi_{E/K}^2 \bar{\psi}_{E/K}, s)$ und $1 + k + j - s = 4 - s$ ergibt sich

$$\begin{aligned} &\Gamma(s-1)(2\pi)^{1-s}(-N)^{s/2} \cdot L^{(\infty)}(\psi_{E/K}^2 \bar{\psi}_{E/K}, s) \\ &= W_2 \cdot \Gamma(3-s)(2\pi)^{s-3}(-N)^{(4-s)/2} \cdot L^{(\infty)}(\bar{\psi}_{E/K}^2 \psi_{E/K}, 4-s), \end{aligned} \qquad (2.18)$$

wobei W_2 ebenfalls eine komplexe Konstante von absolutem Betrag 1 ist.

Mit (2.17) und (2.18) gelangen wir schließlich zur folgenden Funktionalgleichung für $L(\mathrm{Sym}^2 E \otimes E_{/\mathbb{Q}}, s)$:

$$\begin{aligned} &\Gamma(s)\Gamma^2(s-1)(2\pi)^{12-6s} \cdot L^{(\infty)}(\mathrm{Sym}^2 E \otimes E_{/\mathbb{Q}}, s) \\ &= W \cdot \Gamma(4-s)\Gamma^2(3-s)(-N)^{6-3s} \cdot L^{(\infty)}(\mathrm{Sym}^2 E \otimes E_{/\mathbb{Q}}, 4-s), \end{aligned} \qquad (2.19)$$

mit einem $W \in \mathbb{C}, |W| = 1$. Nach dem Sortieren der multiplikativen Faktoren entsteht aus (2.19) die Funktionalgleichung für die vollständigen L-Funktionen:

Satz 2.12. *Es gilt:*

$$L(\mathrm{Sym}^2 E \otimes E_{/\mathbb{Q}}, s) = W \cdot (-N)^{6-3s} \cdot L(\mathrm{Sym}^2 E \otimes E_{/\mathbb{Q}}, 4-s). \qquad (2.20)$$

2.5.2 Motivische Herangehensweise

Nachdem wir die in Aussicht genommene komplexe Funktionalgleichung zu unserer Funktion $L(\mathrm{Sym}^2 E \otimes E_{/\mathbb{Q}}, s)$ bereits über Größencharaktere betrachtet haben, wollen wir sie jetzt aber auch in motivischer Sicht interpretieren.

Wir berechnen zunächst das duale Motiv zu $\mathrm{Sym}^2 E \otimes E_{/\mathbb{Q}}$. Dazu benutzen wir die früher vereinbarte Normierung aus §1.3.4.

Die Weil-Paarung
$$T_p(E) \otimes T_p(E) \longrightarrow T_p(\mu)$$
ergibt eine weitere Paarung
$$T_p(E) \otimes (T_p(E) \otimes T_p(\mu)^\vee) \longrightarrow \mathbb{Z}_p.$$
Dies impliziert, dass $V_p(E) = T_p(E) \otimes_{\mathbb{Z}_p} \mathbb{Q}_p$ und $V_p(E) \otimes V_p(\mu)^\vee$ als $\mathrm{Gal}(\overline{\mathbb{Q}}/K)$-Moduln dual zueinander sind. Verwenden wir nunmehr die übliche Notation $\mathbb{Q}(-1)$ für das duale Motiv $V_p(\mu)^\vee$ zum Tate-Motiv $\mathbb{Q}(1)$, so gelangen wir zum Resultat
$$V_p(E)^\vee = V_p(E)(-1)(=V_p(E) \otimes_{\mathbb{Q}_p} \mathbb{Q}(-1)_p).$$
Somit haben wir für alle endlichen p
$$\begin{aligned}(\mathrm{Sym}^2 E \otimes E_{/\mathbb{Q}})_p^\vee &= (\mathrm{Sym}^2 V_p(E))^\vee \otimes (V_p(E))^\vee \\ &= \mathrm{Sym}^2(V_p(E)^\vee) \otimes (V_p(E))^\vee \\ &= \mathrm{Sym}^2(V_p(E)(-1)) \otimes V_p(E)(-1) \\ &= \left(\mathrm{Sym}^2(V_p(E)) \otimes V_p(E)\right)(-3) \\ &= (\mathrm{Sym}^2 E \otimes E_{/\mathbb{Q}})_p(-3).\end{aligned}$$

Analoges gilt auch für die Betti- und de-Rham-Realisierung. Daher erhalten wir insgesamt die folgende

Proposition 7. *Es gilt:*
$$(\mathrm{Sym}^2 E \otimes E_{/\mathbb{Q}})^\vee = (\mathrm{Sym}^2 E \otimes E_{/\mathbb{Q}})(-3).$$

Mit Blick auf die von Deligne vermutete motivische Funktionalgleichung angewendet auf unsere Situation, d. h.
$$L(\mathrm{Sym}^2 E \otimes E_{/\mathbb{Q}}, s) = \varepsilon\left((\mathrm{Sym}^2 E \otimes E_{/\mathbb{Q}})^\vee, 1-s\right) \cdot L\left((\mathrm{Sym}^2 E \otimes E_{/\mathbb{Q}})^\vee, 1-s\right),$$
erhalten wir die Funktionalgleichung
$$\begin{aligned}L(\mathrm{Sym}^2 E \otimes E_{/\mathbb{Q}}, s) &= \varepsilon\left(\mathrm{Sym}^2 E \otimes E_{/\mathbb{Q}}, 1-(s-3)\right) \cdot L\left(\mathrm{Sym}^2 E \otimes E_{/\mathbb{Q}}, 1-(s-3)\right) \\ &= \varepsilon(\mathrm{Sym}^2 E \otimes E_{/\mathbb{Q}}, 4-s) \cdot L(\mathrm{Sym}^2 E \otimes E_{/\mathbb{Q}}, 4-s).\end{aligned}$$

Fassen wir nun die komplexe Funktionalgleichung (2.20) ins Auge, so kommen wir schließlich zur folgenden

Folgerung 2.13. *Die von Deligne vermutete Funktionalgleichung gilt für das Motiv $M = \mathrm{Sym}^2 E \otimes E_{/\mathbb{Q}}$ bis auf den Vergleich des multiplikativen Faktors $W \cdot (-N)^{6-3s}$ mit dem obigen ε-Faktor.*

2.5.3 Kritische Werte der L-Funktion $L(\operatorname{Sym}^2 E \otimes E_{/\mathbb{Q}}, s)$

Definition 2.14. *Eine ganzrationale Zahl n heißt kritisch für das Motiv M, wenn die beiden Gamma-Faktoren $L_\infty(M,s)$ und $L_\infty(M^\vee, 1-s)$ keine Polstelle bei $s = n$ haben.*

Nun sind wir so weit, die kritischen Stellen des Motivs $\operatorname{Sym}^2 E \otimes E_{/\mathbb{Q}}$ zu berechnen. Unter Betrachtung dessen komplexen Funktionalgleichung sind die kritischen Stellen definitionsgemäß diejenigen $s \in \mathbb{Z}$, wo die Gamma-Faktoren auf beiden Seiten der Funktionalgleichung keinen Pol haben. In unserem Fall heißt das mit anderen Worten, dass die Gamma-Faktoren $\Gamma(s), \Gamma(4-s), \Gamma(s-1)$ und $\Gamma(3-s)$ dort also keinen Pol haben. Man bestätigt leicht, dass $s = 2$ die einzige kritische Stelle von $\operatorname{Sym}^2 E \otimes E_{/\mathbb{Q}}$ ist, da $0, -1, -2, -3, \ldots$ bekanntlich die Polstellen der Gamma-Funktion sind.

2.6 Komplexe und p-adische Perioden

2.6.1 Die komplexe Periode Ω

Im Folgenden wollen wir der komplexen und der p-adischen Periode einen näheren Blick schenken. Zu diesem Zweck definieren wir zunächst für ein beliebiges ganzes Ideal $\mathfrak{f}$ von $\mathcal{O}_K$ die Größe

$$w_\mathfrak{f} := \text{Anzahl der Einheitswurzeln in } K, \text{ die kongruent 1 modulo } \mathfrak{f} \text{ sind}.$$

Dann wählen wir ein ganzes Ideal $\mathfrak{f} \triangleleft \mathcal{O}_K$ mit $w_\mathfrak{f} = 1$ und $(\mathfrak{f}, \mathfrak{p}) = 1$. Weiter legen wir ein Weierstraß-Modell für unsere elliptische Kurve $E/\mathbb{Q}$ fest und bezeichnen mit $\mathcal{L}$ das Periodengitter von E. Am Ende wählen wir ein $\Omega \in \mathbb{C}^\times$, sodass

$$\mathcal{L} = \Omega \cdot \mathfrak{f}.$$

Dieses Ω ist modulo $(K^\mathfrak{f})^\times$ unabhängig von dem spezifisch gewählten Weierstraß-Modell und dient als unsere komplexe Periode, vgl. [dS87, II. 4.2].

2.6.2 Die p-adische Periode

Zur Konstruktion der p-adischen Periode setzen wir als Erstes

$R' = \mathcal{O}_{K^\mathfrak{f}(E[\bar{\mathfrak{p}}^\infty])} \otimes_{\mathcal{O}_K} \mathcal{O}_\mathfrak{p}$, $\mathfrak{f}$ wie in §2.6.1,
$\hat{R} = $ Komplettierung von R',
$\mathfrak{f}_0 = \text{kgV}(\mathfrak{f}_E, \mathfrak{f}^*)$, $\mathfrak{f}^*$ sei der Führer von $K^\mathfrak{f}(E[\bar{\mathfrak{p}}^\infty])/K$.

Fixieren wir nun ein ganzes Ideal $\mathfrak{a}$ von $\mathcal{O}_K$ mit $(\mathfrak{a}, \mathfrak{f}_0) = 1$, so geht die folgende Tatsache aus dem Hauptsatz der komplexen Multiplikation 1.6 im ersten Kapitel hervor:

Proposition 8. *Es existiert eine eindeutig bestimmte Isogenie $\lambda(\mathfrak{a}) : E \longrightarrow E^{\sigma_\mathfrak{a}}$ über L vom Grad $\mathcal{N}\mathfrak{a}$, welche durch die Bedingung*

$$P^{\sigma_\mathfrak{a}} = \lambda(\mathfrak{a})P \quad \textit{für alle } P \in E[\mathfrak{c}], (\mathfrak{c}, \mathfrak{a}) = 1$$

charakterisiert ist, wobei $\sigma_\mathfrak{a}$ das Artinsymbol zu $\mathfrak{a}$ bzgl. der Körpererweiterung $K(E[\mathfrak{c}])/K$ bezeichne.

Für den Beweis verweisen wir auf [dS87, II. 1.5].

Bemerkung. Im Fall $(\mathfrak{f}, \mathfrak{a}) = 1$ induziert diese Isogenie einen über R definierten Homomorphismus formaler Gruppen (vgl. [dS87, II. 4.2]):

$$\widehat{\lambda(\mathfrak{a})}: \widehat{E} \longrightarrow \widehat{E^{\sigma_\mathfrak{a}}}.$$

Proposition 9. *Es existiert ein über $\widehat{R}$ definierter Isomorphismus der formalen Gruppen:*

$$\theta: \widehat{\mathbb{G}}_m \cong \widehat{E}, \quad t = \theta(T) = \Omega_p T + \ldots \in \widehat{R}[[T]],$$

welcher der Bedingung

$$\widehat{\lambda(\mathfrak{c})} \circ \theta = \theta^{\sigma_\mathfrak{c}} \circ [\mathcal{N}\mathfrak{c}]_{\widehat{\mathbb{G}}_m}, \quad (\mathfrak{c}, \mathfrak{f}\overline{\mathfrak{p}}) = 1 \qquad (2.21)$$

genügt. Die Konstante $\Omega_p \in \widehat{R}^\times$ ist modulo $\mathcal{O}_\mathfrak{p}^\times$ durch (2.21) eindeutig bestimmt.

Man kann nachprüfen, dass das Festlegen der p-adischen Periode Ω_p, die wir später für unsere p-adische Interpolation benötigen, äquivalent zur Wahl des Isomorphismus θ ist. Wir fixieren ein für alle Mal einen Erzeuger $(\zeta_n)_{n\geq 1}$ mit $\zeta_n \in \mu_{p^n}$ primitiv vom Tate-Modul $T_p(\widehat{\mathbb{G}}_m)$. Diesen Erzeuger nennen wir *Orientierung* von $\mathbb{C}_p$. Näheres siehe [dS87, II. 4.4]. Bei dieser festen Orientierung von $\mathbb{C}_p$ wird die komplexe Periode Ω_p von Ω kanonisch bestimmt [dS87, II. 4.4]. Schließlich lässt sich unschwer verifizieren, dass das Periodenpaar $(\Omega, \Omega_p) \in (\mathbb{C}^\times \times \mathbb{C}_p^\times)/\overline{\mathbb{Q}}^\times$ lediglich nur von der Wahl der Orientierung $(\zeta_n)_{n\geq 1}$ aber nicht von Ω abhängt. In der Tat, wir haben sogar seine Wohldefiniertheit modulo $(K^\mathfrak{f})^\times$.

Zum Schluss merken wir an, dass wir die komplexe Periode Ω für die Algebraizitätsaussage der kritischen Werte $L(\text{Sym}^2 E \otimes E_{/\mathbb{Q}}, 2)$ und das Perioden Paar (Ω, Ω_p) später für die p-adische Interpolation benötigen.

2.7 Algebraizität der kritischen Werte

Die Algebraizität der Hecke-L-Funktionen an kritischen Stellen haben viele Mathematiker wie Damerell und Shimura ausführlich studiert, und ihre Ergebnisse lassen sich auf unsere Situaiton anwenden.

Um es möglichst klar zu halten, beginnen wir daher mit einer allgemeinen Behandlung der Situation (vgl. [Dam70], [BD07], [HS85] etc.) für beliebige elliptische Kurve mit CM mit $\mathcal{O}_K$. Hierbei bleibt K weiterhin ein imaginär quadratischer Zahlkörper mit Klassenzahl 1.

Satz 2.15 (Algebraizitätssatz von Damerell). *Es sei $E/\mathbb{Q}$ eine elliptische Kurve mit CM mit $\mathcal{O}_K$. Weiter seien $\mathcal{L}$ das Periodengitter zu E und $\Omega_D \in \mathcal{L}$ so, dass*[4] *$\mathcal{L} = \Omega_D \mathcal{O}_K$. Dann gilt für den Größencharakter $\psi_{E/K}$ zu E/K:*

$$L^*(\bar{\psi}_{E/K}^{k+j}, k) := \left(\frac{2\pi}{\sqrt{d_K}}\right)^j \cdot \frac{L^{(\infty)}(\bar{\psi}_{E/K}^{k+j}, k)}{\Omega_D^{k+j}} \in \overline{K}$$

---
[4] Die Existenz des Elements Ω_D ist durch die Voraussetzung $h_K = 1$ gesichert.

für alle $k \geq 1, j \geq 0$. Außerdem gilt:

$$L^*(\bar{\psi}_{E/K}^{k+j}, k) \in K \quad \text{für alle } j, k \in \mathbb{Z} \text{ mit } 0 \leq j < k.$$

Nun betrachten wir unsere Rankin-Selberg-L-Funktion $L(\operatorname{Sym}^2 E \otimes E_{/\mathbb{Q}}, s) = L(\psi_{E/K}^3, s) \cdot L(\psi_{E/K}^2 \bar{\psi}_{E/K}, s)^2$ und wenden den soeben zitierten Satz jeweils auf die zwei Hecke-L-Funktionen in der Faktorisierung an. Dabei beachten wir, dass wegen $\bar{\psi}_{E/K}(\mathfrak{a}) = \psi_{E/K}(\bar{\mathfrak{a}})$ die Gleichheit $L^{(\infty)}(\bar{\psi}_{E/K}^{k+j}, k) = L^{(\infty)}(\psi_{E/K}^{k+j}, k)$ gilt.

Für den ersten Faktor $L^{(\infty)}(\psi_{E/K}^3, s)$, ausgewertet an der kritischen Stelle $s = 2$, können wir $k = 2$ und $j = 1$ wählen, da sie gerade die Eigenschaft $0 \leq j < k$ erfüllen. Somit liefert der Satz von Damerell das folgende Ergebnis:

$$\frac{2\pi}{\sqrt{d_K}} \cdot \frac{L^{(\infty)}(\psi_{E/K}^3, 2)}{\Omega_D^3} \in K. \tag{2.22}$$

Für den zweiten Faktor $L^{(\infty)}(\psi_{E/K}^2 \bar{\psi}_{E/K}, s) = L^{(\infty)}(\psi_{E/K}, s-1)$ an der Stelle $s = 2$ setzen wir $k = 1$ und $j = 0$, welche die Forderung im Satz wiederum erfüllen und erhalten

$$\frac{L^{(\infty)}(\psi_{E/K}^2 \bar{\psi}_{E/K}, 2)}{\Omega_D} \in K. \tag{2.23}$$

Fassen wir (2.22) und (2.23) zusammen, so können wir schließlich folgende Algebraizitätsaussage für unsere L-Funktion $L^{(\infty)}(\operatorname{Sym}^2 E \otimes E_{/\mathbb{Q}}, s)$ formulieren:

Satz 2.16. *Es gilt*

$$\frac{2\pi}{\sqrt{d_K}} \cdot \frac{L^{(\infty)}(\operatorname{Sym}^2 E \otimes E_{/\mathbb{Q}}, 2)}{\Omega_D^5} \in K. \tag{2.24}$$

Bemerkung. Mit einem Resultat von Eisenstein [Coa84], welches besagt, dass

$$\frac{L^{(\infty)}(\psi_{E/K}^k \bar{\psi}_{E/K}^j, 1)}{\Omega_\infty(\psi_{E/K}^k \bar{\psi}_{E/K}^j)} \in K$$

für alle $k, j \in \mathbb{Z}$ mit $0 \leq -j < k$ und $\Omega_\infty \in \mathbb{C}^\times$, können wir das gleiche Ergebnis wie (2.24) erhalten. Es sei angemerkt, dass die vom Größencharakter abhängige Konstante Ω_∞ explizit berechnet werden kann.

Kapitel 3

p-adische Interpolation

3.1 p-adische L-Funktionen in zwei Variablen

In diesem Kapitel konstruieren wir zunächst eine p-adische L-Funktion in zwei Variablen, welche den Wert der komplexen L-Funktion $L(\mathrm{Sym}^2 E \otimes E_{/\mathbb{Q}} \otimes \chi, s)$ mit einem zyklotomischen Twist an der kritischen Stelle $s=2$ interpoliert, und zeigen danach eine p-adische Funktionalgleichung. p-adische L-Funktionen in zwei Variablen haben u. a. Vishik-Manin [MV74], Katz [Kat76] und Yager [Yag82] für Größencharaktere, die zu elliptischen Kurven mit CM assoziiert sind, ausführlich studiert. In de Shalit [dS87] wurde die allgemeine Situation mit einem „zulässigen" Größencharakter, d. h. sein Unendlichtyp (k,j) genügt der Ungleichung $0 \leq j \leq -k$, behandelt. In diesem Abschnitt folgen wir dem Vorgehen von de Shalit und fixieren ein für alle Mal eine Einbettung $\overline{\mathbb{Q}} \hookrightarrow \mathbb{C}_p$ und eine Einbettung $\overline{\mathbb{Q}} \hookrightarrow \mathbb{C}$. Nach Weil [Wei55] liegt der Wertebereich eines arithmetischen Größencharakters ψ über K stets in einem algebraischen Zahlkörper. Vermöge der fest gewählten Einbettung $\overline{\mathbb{Q}} \hookrightarrow \mathbb{C}_p$ können wir via Klassenkörpertheorie ψ einen Galoischarakter zuordnen, welchen wir ebenfalls mit ψ bezeichnen: Ist $\mathfrak{f}$ der Führer von ψ, so ist für ein beliebiges Ideal $\mathfrak{m} \triangleleft \mathcal{O}_K$ mit $\mathfrak{f} \mid \mathfrak{m}$ der Galoischarakter ψ gegeben durch

$$\psi: \quad \mathrm{Gal}(K^{\mathfrak{m}}/K) \longrightarrow \mathbb{C}_p^{\times}$$
$$\sigma_{\mathfrak{a}} \longmapsto \psi(\mathfrak{a}), \quad (\mathfrak{a}, \mathfrak{m}) = 1.$$

Es sei bemerkt, dass für die allgemeine Darstellung auf [dS87, II. 4.16] verwiesen wird.

3.1.1 Berechnung der Galoisgruppen

Zweckmäßigerweise machen wir zunächst einige Beobachtungen über bestimmte Körpererweiterungen und berechnen die entsprechenden Galoisgruppen, die wir später für die p-adische Interpolation benötigen. Dabei wird fortan die folgende Notation benutzt:

$\mathfrak{f} \quad = \mathfrak{g}\bar{\mathfrak{p}}^{\infty}$ mit einem zu p teilerfremden ganzen Ideal bzw. Pseudoideal (siehe Definition 3.4), $\quad \mathfrak{g}$ von $\mathcal{O}_K$,

$\mathfrak{f}_{\psi_{E/K}^3} = $ Führer des primitiven Größencharakters $\psi_{E/K}^3$.

$K^{\mathfrak{a}^\infty} = \cup_{n\in\mathbb{N}} K^{\mathfrak{a}^n}$,

Δ : es gilt $\mathrm{Gal}(K(E[\mathfrak{p}^\infty])/K) \cong \mathbb{Z}_p^\times \cong \mathbb{Z}/(p-1)\mathbb{Z} \times (1+p\mathbb{Z}_p)$;
sei Δ die Untergruppe von $\mathrm{Gal}(K(E[\mathfrak{p}^\infty])/K)$ mit $\Delta \cong \mathbb{Z}/(p-1)\mathbb{Z}$,

$\overline{\Delta}$: es gilt $\mathrm{Gal}(K(E[\bar{\mathfrak{p}}^\infty])/K) \cong \mathbb{Z}_{\bar{P}}^\times \cong \mathbb{Z}/(p-1)\mathbb{Z} \times (1+p\mathbb{Z}_p)$;
sei $\overline{\Delta}$ die Untergruppe von $\mathrm{Gal}(K(E[\bar{\mathfrak{p}}^\infty])/K)$ mit $\overline{\Delta} \cong \mathbb{Z}/(p-1)\mathbb{Z}$,

$\tilde{\Delta} = \Delta \times \overline{\Delta}|_{K(\mu_{p^\infty})} \cong \mathbb{Z}/(p-1)\mathbb{Z}$,

$K_\infty = K(E[\mathfrak{p}^\infty])^\Delta$,

$K'_\infty = K(E[\bar{\mathfrak{p}}^\infty])^{\overline{\Delta}}$,

$K_\infty^{p^\infty} = K_\infty K'_\infty = K(E[p^\infty])^{\Delta \times \overline{\Delta}}$,

$\hat{K} = K_\infty^{p^\infty} \cap K(\mu_{p^\infty})$,

$\check{K} = K(\mu_{p^\infty})^{\tilde{\theta}^{-1}(1+p\mathbb{Z}_p)}$, mehr dazu siehe Feststellung 3.3; es gilt: $\mathrm{Gal}(\check{K}/K) \cong \tilde{\Delta}$,

$F = (K^{p^\infty})^{\theta^{-1}((1+p\mathbb{Z}_p)\times(1+p\mathbb{Z}_p))}$, siehe Bemerkung zur Feststellung 3.1,

$H = \mathrm{Gal}(F/K)$.

Die Einheitengruppe $\mathcal{O}_K^\times$ lässt sich offenbar wie folgt in $\mathbb{Z}_p^\times$ bzw. $\mathbb{Z}_p^\times \times \mathbb{Z}_p^\times$ einbetten:

$$i_{\mathfrak{p}} : \mathcal{O}_K^\times \hookrightarrow \mathcal{O}_{\mathfrak{p}}^\times \xrightarrow{\sim} \mathbb{Z}_p^\times,$$

$$i_{\bar{\mathfrak{p}}} : \mathcal{O}_K^\times \hookrightarrow \mathcal{O}_{\bar{\mathfrak{p}}}^\times \xrightarrow{\sim} \mathbb{Z}_p^\times,$$

$$i_p : \mathcal{O}_K^\times \xhookrightarrow{i_{\mathfrak{p}} \times i_{\bar{\mathfrak{p}}}} \mathcal{O}_{\mathfrak{p}}^\times \times \mathcal{O}_{\bar{\mathfrak{p}}}^\times \xrightarrow{\sim} \mathbb{Z}_p^\times \times \mathbb{Z}_p^\times,$$

und wir haben die

Feststellung 3.1. *Es gilt:*

$$\mathrm{Gal}(K^{p^\infty}/K) \cong (\mathbb{Z}_p^\times \times \mathbb{Z}_p^\times)/i_p(\mathcal{O}_K^\times).$$

Beweis. Für jede $n \in \mathbb{N}$ beschert uns die Klassenkörpertheorie einen Isomorphismus

$$\mathrm{Gal}(K^{p^n}/K) \cong C_K/C_K^{p^n}$$

mit $C_K^{p^n} = \mathbb{C}^\times (\prod_{\mathfrak{q} \nmid p} \mathcal{O}_{\mathfrak{q}}^\times)(1+\mathfrak{p}^n)(1+\bar{\mathfrak{p}}^n) K^\times / K^\times$. Der Übergang $n \to \infty$ liefert dann

$$\mathrm{Gal}(K^{p^\infty}/K) \cong C_K/C_K^{p^\infty} \tag{3.1}$$

mit $C_K^{p^\infty} = \mathbb{C}^\times (\prod_{\mathfrak{q} \nmid p} \mathcal{O}_{\mathfrak{q}}^\times \times 1 \times 1) K^\times / K^\times$. Anderseits ist $C_K = C_K^1 = \mathbb{C}^\times (\prod_{\mathfrak{q}} \mathcal{O}_{\mathfrak{q}}^\times) K^\times / K^\times$ aufgrund $h_K = 1$. Mit dieser Tatsache schließen wir aus (3.1), dass

$$\mathrm{Gal}(K^{p^\infty}/K) \cong K^\times (\prod_{\mathfrak{q} \nmid p} \mathcal{O}_{\mathfrak{q}}^\times \times \mathcal{O}_{\mathfrak{p}}^\times \times \mathcal{O}_{\bar{\mathfrak{p}}}^\times)/K^\times (\prod_{\mathfrak{q} \nmid p} \mathcal{O}_{\mathfrak{q}}^\times \times 1 \times 1). \tag{3.2}$$

Der Einfachheit halber schreiben wir jetzt

$A := \prod_{\mathfrak{q} \nmid p} \mathcal{O}_{\mathfrak{q}}^\times \times \mathcal{O}_{\mathfrak{p}}^\times \times \mathcal{O}_{\bar{\mathfrak{p}}}^\times$,

$B := K^\times$,

$C := \prod_{\mathfrak{q} \nmid p} \mathcal{O}_{\mathfrak{q}}^\times \times 1 \times 1$.

3.1. P-ADISCHE L-FUNKTIONEN IN ZWEI VARIABLEN

Da alle diese Gruppen abelsch sind und C eine Untergruppe von A ist, haben wir

$$AB/CB \stackrel{C \leq A}{\cong} ABC/BC = A/A \cap BC = A/C(A \cap B).$$

Die letzte Gleichheit erkennt man daran, dass $A \cap BC = C(A \cap B)$ wegen $C \leq A$. Der Schritt $A \cap B$ ist aber gleich $\left(\prod_{\mathfrak{q} \nmid p} \mathcal{O}_\mathfrak{q}^\times \times \mathcal{O}_\mathfrak{p}^\times \times \mathcal{O}_{\bar{\mathfrak{p}}}^\times \right) \cap K^\times = \mathcal{O}_K^\times$, hierbei ist $\mathcal{O}_K^\times$ in $\prod \mathcal{O}_\mathfrak{q}^\times$ diagonal eingebettet. Dies eingesetzt in (3.2) liefert

$$\begin{aligned} \mathrm{Gal}(K^{p^\infty}/K) &\cong \prod_{\mathfrak{q} \nmid p} \mathcal{O}_\mathfrak{q}^\times \times \mathcal{O}_\mathfrak{p}^\times \times \mathcal{O}_{\bar{\mathfrak{p}}}^\times / (\prod_{\mathfrak{q} \nmid p} \mathcal{O}_\mathfrak{q}^\times \times 1 \times 1) \cdot \mathcal{O}_K^\times \\ &\cong (\mathbb{Z}_p^\times \times \mathbb{Z}_p^\times)/(1 \times 1)\mathcal{O}_K^\times \\ &\cong (\mathbb{Z}_p^\times \times \mathbb{Z}_p^\times)/i_p(\mathcal{O}_K^\times). \end{aligned}$$

$\square$

Bemerkung. Den Isomorphismus $\mathrm{Gal}(K^{p^\infty}/K) \longrightarrow (\mathbb{Z}_p^\times \times \mathbb{Z}_p^\times)/i_p(\mathcal{O}_K^\times)$ bezeichnen wir mit θ.

Formuliert wird jetzt noch eine weitere

Feststellung 3.2. *Es gilt:* $K(E[\mathfrak{p}]) \cap K_\infty = K$.

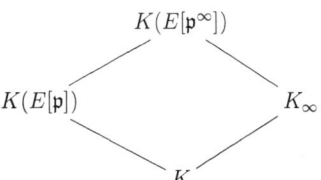

Beweis. Wie wir bereits wissen, ist

$$\mathrm{Gal}(K(E[\mathfrak{p}^\infty])/K) \cong \mathrm{Gal}\left(K(E[\mathfrak{p}^\infty])/K(E[\mathfrak{p}])\right) \times \mathrm{Gal}(K(E[\mathfrak{p}])/K)$$

mit

$$\mathrm{Gal}\left(K(E[\mathfrak{p}^\infty])/K(E[\mathfrak{p}])\right) \cong \mathbb{Z}_p \quad \text{und} \quad \mathrm{Gal}(K(E[\mathfrak{p}])/K) \cong \mathbb{Z}/(p-1)\mathbb{Z}.$$

Darüber hinaus wissen wir noch, dass

$$\mathrm{Gal}\left(K_\infty/K\right) \cong \mathbb{Z}_p.$$

Nun sagt die Galoistheorie, dass

$$\begin{aligned} K(E[\mathfrak{p}]) \cap K_\infty &= (K(E[\mathfrak{p}]) \cdot K_\infty)^{\langle \mathrm{Gal}(K(E[\mathfrak{p}^\infty])/K(E[\mathfrak{p}])), \mathrm{Gal}(K(E[\mathfrak{p}])/K) \rangle} \\ &= K(E[\mathfrak{p}^\infty])^{\mathrm{Gal}(K(E[\mathfrak{p}^\infty])/K(E[\mathfrak{p}])) \times \mathrm{Gal}(K(E[\mathfrak{p}])/K)} \\ &= K, \end{aligned}$$

was zu zeigen war. $\square$

Nicht zuletzt haben wir die

Feststellung 3.3. *Es gilt:* $\mathrm{Gal}(\hat{K}/K) \cong \mathbb{Z}_p \cong 1 + p\mathbb{Z}_p.$

Beweis. Wir haben einen Isomorphismus[1] $\tilde{\theta} : \mathrm{Gal}(K(\mu_{p^\infty})/K) \cong \mathbb{Z}/(p-1)\mathbb{Z} \times \mathbb{Z}_p$. Der Nichttorsionsanteil von $\mathrm{Gal}(\mathbb{Q}(\mu_{p^\infty})/\mathbb{Q})$ ist isomorph zu $\mathbb{Z}_p$. Der maximale Pro-p-Quotient von $\mathrm{Gal}(K(\mu_{p^\infty})/K))$ ist also $\mathbb{Z}_p$. Andererseits ist $\mathrm{Gal}(\hat{K}/K)$ Quotient von $\mathrm{Gal}(K_\infty^{p^\infty}/K) \cong \mathbb{Z}_p^2$, weshalb $\mathrm{Gal}(\hat{K}/K)$ eine Pro-p-Gruppe ist. Als Pro-p-Quotient von $\mathrm{Gal}(K(\mu_{p^\infty})/K))$ ist $\mathrm{Gal}(\hat{K}/K)$ also isomorph zu einer Untergruppe von $\mathbb{Z}_p$. Daraus folgt $\mathrm{Gal}(\hat{K}/K) \cong \mathbb{Z}_p/p^m\mathbb{Z}_p$ mit einem geeigneten $m \in \mathbb{N}$ oder $\mathrm{Gal}(\hat{K}/K) \cong \mathbb{Z}_p$. Die Tatsache, dass $\mathrm{Gal}(\hat{K}/K)$ wegen $\mathbb{Q}(\mu_{p^\infty}) \subset \mathbb{Q}(E[p^\infty])$ eine unendliche Galoisgruppe ist, schließt aber die erste Möglichkeit aus. $\square$

Unsere Situation wird an den folgenden Körperdiagrammen verdeutlicht:

---

[1] Aufgrund der Tatsache, dass p unverzweigt in $K/\mathbb{Q}$ aber rein verzweigt in $\mathbb{Q}(\mu_{p^\infty})$ ist, gilt $K \cap \mathbb{Q}(\mu_{p^\infty}) = \mathbb{Q}$. Folglich haben wir $\mathrm{Gal}(\mathbb{Q}(\mu_{p^\infty})/\mathbb{Q}) \cong \mathrm{Gal}(K(\mu_{p^\infty})/K)$.

3.1. P-ADISCHE L-FUNKTIONEN IN ZWEI VARIABLEN

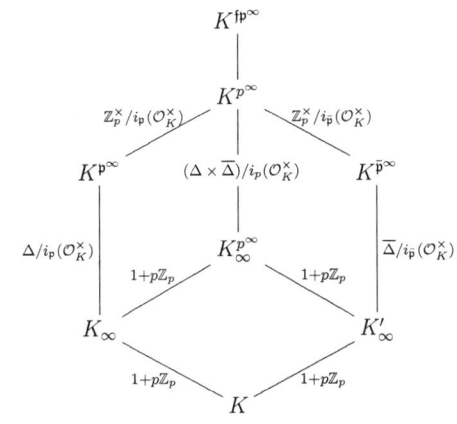

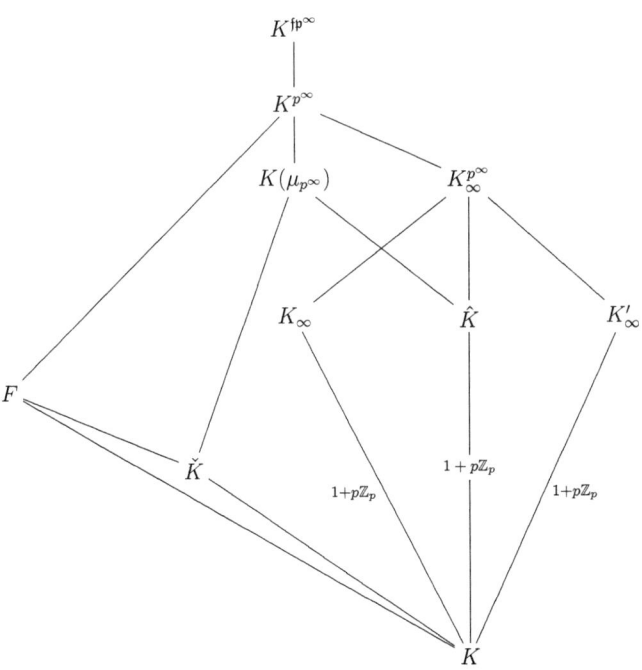

Die in den Diagrammen vorkommenden Galoisgruppen werden wie folgt zusammengefaßt:

$\mathrm{Gal}(K^{p^\infty}/K) \cong (\mathbb{Z}_p^\times \times \mathbb{Z}_p^\times)/i_p(\mathcal{O}_K^\times),$
$\mathrm{Gal}(K_\infty^{p^\infty}/K) \cong (1+p\mathbb{Z}_p) \times (1+p\mathbb{Z}_p),$
$\mathrm{Gal}(K_\infty^{p^\infty}/\hat{K}) \cong 1+p\mathbb{Z}_p,$
$\mathrm{Gal}(K^{p^\infty}/K_\infty^{p^\infty}) \cong (\mathbb{Z}/(p-1)\mathbb{Z} \times \mathbb{Z}/(p-1)\mathbb{Z})/i_p(\mathcal{O}_K^\times),$
$\mathrm{Gal}(K^{\mathfrak{p}^\infty}/K) \cong \mathbb{Z}_p^\times/i_\mathfrak{p}(\mathcal{O}_K^\times),$
$\mathrm{Gal}(K^{\mathfrak{p}^\infty}/K_\infty) \cong (\mathbb{Z}/(p-1)\mathbb{Z})/i_\mathfrak{p}(\mathcal{O}_K^\times),$
$\mathrm{Gal}(K^{\bar{\mathfrak{p}}^\infty}/K'_\infty) \cong (\mathbb{Z}/(p-1)\mathbb{Z})/i_{\bar{\mathfrak{p}}}(\mathcal{O}_K^\times),$
$\mathrm{Gal}(F/K) \cong (\mathbb{Z}/(p-1)\mathbb{Z} \times \mathbb{Z}/(p-1)\mathbb{Z})/i_p(\mathcal{O}_K^\times),$
$\mathrm{Gal}(K^{p^\infty}/F) \cong (1+p\mathbb{Z}_p) \times (1+p\mathbb{Z}_p),$
$\mathrm{Gal}(\check{K}/K) \cong \mathbb{Z}/(p-1)\mathbb{Z},$
$\mathrm{Gal}(\hat{K}/K) \cong 1+p\mathbb{Z}_p,$
$\mathrm{Gal}(K_\infty/K) \cong 1+p\mathbb{Z}_p,$
$\mathrm{Gal}(K'_\infty/K) \cong 1+p\mathbb{Z}_p.$

3.1.2 Der Twist mit χ

Ab jetzt sei χ ein Charakter von $\mathrm{Gal}(\mathbb{Q}(\mu_{p^\infty})/\mathbb{Q})$ endlicher Ordnung mit p-Potenz-Führer. Für die Durchführung der p-adischen Interpolation unserer Rankin-Selberg-L-Funktion $L(\mathrm{Sym}^2 E \otimes E_{/\mathbb{Q}} \otimes \chi, s)$ beziehen wir nun den Twist mit χ in die Betrachtungen ein.

Als Charakter von $\mathrm{Gal}(\mathbb{Q}(\mu_{p^\infty})/\mathbb{Q})$ kann χ als Charakter anderer Galoisgruppen aufgefaßt werden.

Zunächst kann er als einen Charakter über K gesehen werden, denn $\mathrm{Gal}(K(\mu_{p^\infty})/K) \cong \mathrm{Gal}(\mathbb{Q}(\mu_{p^\infty})/\mathbb{Q})$. Gemäß der Isomorphie

$$\mathrm{Gal}(K(\mu_{p^\infty})/K) \cong \mathrm{Gal}(\check{K}/K) \times \mathrm{Gal}(\hat{K}/K)$$

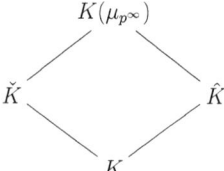

besitzt χ eine Zerlegung $\chi = \chi_{(0)} \otimes \chi_{(1)}$ mit einem Charakter $\chi_{(0)}$ von $\mathrm{Gal}(\check{K}/K) \cong \mathbb{Z}/(p-1)\mathbb{Z}$ und einem Charakter $\chi_{(1)}$ auf $\mathrm{Gal}(\hat{K}/K) \cong 1+p\mathbb{Z}_p$. $\chi_{(0)}$ ist die Einschränkung von χ auf den Torsionsanteil der Galoisgruppe $\mathrm{Gal}(K(\mu_{p^\infty})/K)$.

Andererseits können wir χ aufgrund der Inklusion $K(\mu_{p^\infty}) \subset K^{p^\infty}$ zu einem Charakter von der Galoisgruppe $\mathrm{Gal}(K^{p^\infty}/K)$ hochziehen, über welche wir die folgende Proposition haben:

Proposition 10. *Es gilt:*

$$\mathrm{Gal}(K^{p^\infty}/K) \cong \mathrm{Gal}(F/K) \times \mathrm{Gal}(K_\infty/K) \times \mathrm{Gal}(K'_\infty/K).$$

3.1. P-ADISCHE L-FUNKTIONEN IN ZWEI VARIABLEN

Beweis. Die Isomorphie entnehmen wir dem folgenden Diagramm:

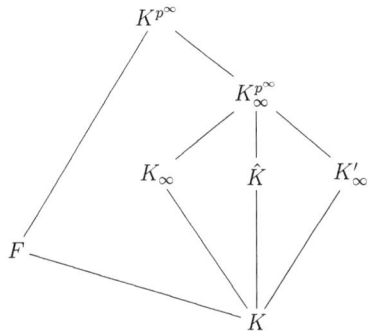

$\square$

Diesen Lift von χ auf $\mathrm{Gal}(K^{p^\infty}/K)$ bezeichnen wir weiterhin mit χ, solange keine Verwechslung zu befürchten ist. Dieser lässt sich wiederum in drei Komponenten zerlegen:

$$\chi = \chi_0 \otimes \chi_1 \otimes \chi_2,$$

wobei χ_0, χ_1 und χ_2 jeweils auf $\mathrm{Gal}(F/K) \cong (\mathbb{Z}/(p-1)\mathbb{Z} \times \mathbb{Z}/(p-1)\mathbb{Z})/i_p(\mathcal{O}_K^\times)$, $\mathrm{Gal}(K_\infty/K) \cong 1 + p\mathbb{Z}_p$ und $\mathrm{Gal}(K'_\infty/K) \cong 1 + p\mathbb{Z}_p$ definiert sind.

Nun wollen wir die beiden Zerlegungen in Zusammenhang bringen. Die Komponente χ_0 kommt von $\chi_{(0)}$, und die anderen zwei Komponenten χ_1 und χ_2 kommen von $\chi_{(1)}$. Wenn wir also $\chi_{(1)}$ als Charakter auf $\mathrm{Gal}(\hat{K}/K)$ zu einem Charakter auf $\mathrm{Gal}(K_\infty^{p^\infty}/K)$ hochliften, dann bekommen wir wegen der Isomorphie $\mathrm{Gal}(K_\infty^{p^\infty}/K) \cong \mathrm{Gal}(K_\infty/K) \times \mathrm{Gal}(K'_\infty/K)$ genau die Zerlegung $\chi_{(1)} = \chi_1 \otimes \chi_2$.

Bemerkung. Die oben erläuterten verschiedenen Auffassungen von χ lassen sich klarerweise auch allgemein auf einen beliebigen Charakter ϕ von $\mathrm{Gal}(K(\mu_{p^\infty})/K)$ übertragen. Wir haben also die Zerlegungen

$$\phi = \phi_{(0)} \otimes \phi_{(1)} = \phi_0 \otimes \phi_1 \otimes \phi_2.$$

3.1.3 p-adische Interpolation in zwei Variablen

Definition 3.4. Ein Pseudoideal von $\mathcal{O}_K$ ist eine Menge der Form $\mathfrak{a}\mathfrak{b}^\infty := \{\mathfrak{a}\mathfrak{b}^n \mid n \in \mathbb{N}\}$ mit ganzen Idealen $\mathfrak{a}, \mathfrak{b}$ von $\mathcal{O}_K$.

Des Weiteren definieren wir nach de Shalit [dS87, II. 4.11] die „Pseudo-Gaußsumme" für einen Charakter

$$\varepsilon = \varphi^k \bar\varphi^j \varsigma$$

mit einem arithmetischen Größencharakter φ vom Unendlichtyp $(1,0)$ und einem Charakter endlicher Ordnung ς auf $\mathrm{Gal}(K^{\mathfrak{g}p^\infty}/K)$. Dazu setzen wir zunächst

$\mathfrak{h}$ ein zu $\mathfrak{p}$ teilerfremdes ganzes Ideal bzw. Pseudoideal von $\mathcal{O}_K$,
$L_n = K^{\mathfrak{h}\mathfrak{p}^n}$,
$L' = K^{\mathfrak{h}\bar{\mathfrak{p}}^\infty}$,
$\mathcal{S} = \{\gamma \in \mathrm{Gal}(L'L_n/K) : \gamma\mid_{L'} = [\mathfrak{p}^n, L'/K]\}$,
wobei $\mathfrak{p}^n$ die exakte $\mathfrak{p}$-Potenz im Führer von ε ist, $\mathfrak{p}$ wie in §2.1

Definition 3.5. Die Größe $G(\varepsilon)$ ist gegeben durch

$$G(\varepsilon) = \frac{\varphi^k \bar{\varphi}^j(\mathfrak{p}^n)}{p^n} \cdot \sum_{\gamma \in \mathcal{S}} \varsigma(\gamma)(\zeta_n^\gamma)^{-1},$$

wobei ζ_n die fest gewählten p^n-ten Einheitswurzeln aus §2.6.2 seien.

Es sei bemerkt, dass die „Pseudo-Gaußsumme" $G(\varepsilon)$ wohldefiniert ist, da die Einheitswurzeln ζ_n in $L'L_n$ liegen und hängt lediglich vom Größencharakter ε als Ganzes ab, d. h. nicht von der Wahl von φ oder ς. Im Fall, dass ε unverzweigt bei $\mathfrak{p}$ ist, haben wir $G(\varepsilon) = 1$ und im Fall, dass $(k,j) = (0,0)$ ist $G(\varepsilon)$ die gewöhnliche Gaußsumme. Ohne Beweis zitieren wir von de Shalit [dS87, II. 4.16]:

Satz 3.6. *Es seien $\mathfrak{g}$ ein ganzes Ideal bzw. ein Pseudoideal von $\mathcal{O}_K$, $p = \mathfrak{p}\bar{\mathfrak{p}}$ eine in K zerlegte Primzahl, und es gelte $(p,\mathfrak{g}) = 1$. Wir setzen $\mathfrak{f} = \mathfrak{g}\bar{\mathfrak{p}}^\infty$. Ferner sei ε ein arithmetischer Größencharakter vom Unendlichtyp (k,j) mit $0 \leq -j < k$ derart, dass der Nicht-$\mathfrak{p}$-Anteil seines Führers das Pseudoideal $\mathfrak{g}$ teilt, und die Pseudo-Gaußsumme $G(\varepsilon)$ sei wie in Definition 3.5 gegeben. Dann existieren eine komplexe Periode $\Omega_{\mathrm{dS}} \in \mathbb{C}^\times$ und eine p-adische Periode $\Omega_p \in \mathbb{C}_p^\times$ sowie ein eindeutig bestimmtes p-adisches ganzes Maß $d\mu(\mathfrak{f})$ auf $\mathcal{G}(\mathfrak{f}) = \mathrm{Gal}(K^{\mathfrak{f}\mathfrak{p}^\infty}/K)$, sodass Folgendes gilt:*

$$\Omega_p^{j-k} \int_{\mathcal{G}(\mathfrak{f})} \varepsilon(\sigma) d\mu(\mathfrak{f},\sigma) = \Omega_{\mathrm{dS}}^{j-k} \left(\frac{\sqrt{d_K}}{2\pi}\right)^j G(\varepsilon) \left(1 - \frac{\varepsilon(\mathfrak{p})}{p}\right) L^{(\mathfrak{f})}(\varepsilon^{-1}, 0) \quad (3.3)$$

gilt. Die beiden Seiten von (3.3) liegen in $\overline{\mathbb{Q}}$.

Bemerkung. Die komplexe Periode Ω_{dS} ist die Periode aus §2.6, sie hängt von $\mathfrak{g}$ ab.

Definition 3.7. Es sei $\mathfrak{h}$ ein zu $\mathfrak{p}$ teilerfremdes ganzes Ideal bzw. Pseudoideal von $\mathcal{O}_K$. Die p-adische L-Funktion von K modulo $\mathfrak{h}$ ist eine Funktion mit dem Definitionsbereich $\widehat{\mathcal{G}(\mathfrak{h})} = \mathrm{Gal}(K^{\mathfrak{h}\mathfrak{p}^\infty}/K)^\wedge$, die jedem Charakter ϱ von $\mathcal{G}(\mathfrak{h})$ ($\varrho \neq 1$ falls $\mathfrak{h} = \mathcal{O}_K$) den Wert

$$L_{p,\mathfrak{h}}(\varrho) = \int_{\mathcal{G}(\mathfrak{h})} \varrho^{-1}(\sigma) d\mu(\mathfrak{h};\sigma)$$

zuordnet. Hierbei ist $d\mu$ das p-adische Maß aus Satz 3.6.

In Analogie zu obiger p-adischer Interpolation von Hecke-L-Funktionen zu „zulässigen" Größencharakteren[2] in einer Variable von de Shalit [dS87] führen wir im Folgenden die p-adische Interpolation in zwei Variablen für unsere Funktion $L(\mathrm{Sym}^2 E \otimes E_{/\mathbb{Q}} \otimes \chi, s)$ durch.

---
[2]D. h. arithmetische Größencharaktere vom Unendlichtyp (k,j) mit $0 \leq j < -k$, wie im Satz 3.6.

3.1. P-ADISCHE L-FUNKTIONEN IN ZWEI VARIABLEN

Dabei sei $\mathfrak{f}$ zunächst wie in §3.1.1 gegeben.

Für jedes Idel x über K sei $[x, K(E[\mathfrak{p}^\infty])/K]$ sein Normrestsymbol. Der Größencharakter $\psi_{E/K}$ induziert einen natürlichen Isomorphismus

$$\mathrm{Gal}(K(E[\mathfrak{p}^\infty])/K) \xrightarrow{\sim} \mathrm{Aut}(E[\mathfrak{p}^\infty]) \xrightarrow{\sim} \mathbb{Z}_p^\times$$
$$[x, K(E[\mathfrak{p}^\infty])/K] \longmapsto [\psi_{E/K}(x)] \longmapsto i_{\mathfrak{p}}(\psi_{E/K}(x)).$$

Wie früher schon angemerkt (Feststellung 3.2), haben wir das folgende Körperdiagramm:

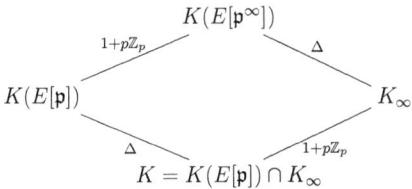

Demnach liefert die Einschränkung von $\psi_{E/K}$ auf $\mathrm{Gal}(K(E[\mathfrak{p}^\infty])/K(E[\mathfrak{p}]))$ einen Isomorphismus, den wir wiederum mit $\psi_{E/K}$ bezeichnen:

$$\psi_{E/K}: \quad \mathrm{Gal}(K(E[\mathfrak{p}^\infty])/K(E[\mathfrak{p}])) \xrightarrow{\sim} 1 + p\mathbb{Z}_p.$$

Ebenfalls entspricht $\bar\psi_{E/K}$ einem Isomorphismus $\psi^*_{E/K}$

$$\psi^*_{E/K}: \quad \mathrm{Gal}(K(E[\bar{\mathfrak{p}}^\infty])/K(E[\bar{\mathfrak{p}}])) \xrightarrow{\sim} 1 + p\mathbb{Z}_p.$$

Sei $\iota: \mathrm{Gal}(K_\infty/K) \xrightarrow{\sim} \mathrm{Gal}(K(E[\mathfrak{p}^\infty])/K(E[\mathfrak{p}]))$ bzw. $\bar\iota: \mathrm{Gal}(K'_\infty/K) \xrightarrow{\sim} \mathrm{Gal}(K(E[\bar{\mathfrak{p}}^\infty])/K(E[\bar{\mathfrak{p}}]))$ der Isomorphismus aus der Galoistheorie. Wir erhalten die Komposition

$$\kappa_1: \quad \mathrm{Gal}(K_\infty/K) \xrightarrow{\iota}{\sim} \mathrm{Gal}(K(E[\mathfrak{p}^\infty])/K(E[\mathfrak{p}])) \xrightarrow{\psi_{E/K}} 1 + p\mathbb{Z}_p,$$

und ganz analog dazu die Komposition

$$\kappa_2: \quad \mathrm{Gal}(K'_\infty/K) \xrightarrow{\bar\iota}{\sim} \mathrm{Gal}(K(E[\bar{\mathfrak{p}}^\infty])/K(E[\bar{\mathfrak{p}}])) \xrightarrow{\psi^*_{E/K}} 1 + p\mathbb{Z}_p.$$

Zu gegebenen topologischen Erzeugern γ_1 und γ_2 von $\mathrm{Gal}(K_\infty/K)$ bzw. $\mathrm{Gal}(K'_\infty/K)$ schreiben wir

$$u_1 := \psi_{E/K} \circ \iota(\gamma_1) \quad \text{und} \quad u_2 := \psi^*_{E/K} \circ \bar\iota(\gamma_2).$$

Für jeden Charakter ϕ endlicher Ordnung auf $\mathrm{Gal}(K^{\mathfrak{p}^\infty}/K)$ gibt es dann nach de Shalit [dS87, II. 4.17] eine formale Potenzreihe $G(\phi_0; T_1, T_2) \in \mathcal{O}[[T_1, T_2]]$ mit der Eigenschaft, dass die Relation

$$L_{p,\mathfrak{f}}(\phi, s_1, s_2) = G(\phi_0; \phi_1(\gamma_1)^{-1} u_1^{s_1} - 1, \phi_2(\gamma_2)^{-1} u_2^{s_2} - 1)$$

besteht, dabei bezeichne $L_{p,\mathfrak{f}}(\phi,s_1,s_2)$ das Integral

$$L_{p,\mathfrak{f}}(\phi,s_1,s_2) = \int_{\mathcal{G}(\mathfrak{f})} \phi^{-1}\kappa_1^{s_1}\kappa_2^{s_2}(\sigma)d\mu(\mathfrak{f};\sigma)$$

mit $\mathcal{G}(\mathfrak{f}) := \mathrm{Gal}(K^{\mathfrak{f}\mathfrak{p}^\infty}/K)$ und $\mathcal{O}$ sei eine endlich erzeugte ganze Ringerweiterung vom Ganzheitsring der Komplettierung der maximalen unverzweigten Erweiterung von $K_\mathfrak{p}$.

Genauer besitzt diese formale Potenzreihe folgende Gestalt:

$$G(\phi_0;T_1,T_2) = \sum_{\tau\in H} \phi_0^{-1}(\tau)\int_{\mathbb{Z}_p}\int_{\mathbb{Z}_p}(1+T_1)^{a_1}(1+T_2)^{a_2}d\mu(\mathfrak{f};\tau\gamma_1^{a_1})d\mu(\mathfrak{f};\tau\gamma_2^{a_2}).$$

3.1.4 Vorbereitende Berechnungen

Als Ausgangspunkt nehmen wir einen beliebigen endlichen Charakter $\phi\colon \mathrm{Gal}(K(\mu_{p^\infty})/K) \to \mathbb{C}_p^\times$. Nach der Anmerkung im letzten Abschnitt haben wir zunächst die Zerlegung $\phi = \phi_{(0)} \otimes \phi_{(1)}$ mit einem $\phi_{(0)}$ aus der Charaktergruppe $\widehat{\mathrm{Gal}(\check K/K)}$ von $\mathrm{Gal}(\check K/K)$ und einem $\phi_{(1)}$ aus der Charaktergruppe $\widehat{\mathrm{Gal}(\hat K/K)}$ von $\mathrm{Gal}(\hat K/K)$. Wird ϕ aber als einen Charakter auf $\mathrm{Gal}(K^{p^\infty}/K)$ aufgefaßt, so lässt er sich auch in der Form $\phi = \phi_0\otimes\phi_1\otimes\phi_2$ schreiben. Es ist jetzt unser Anliegen, die Potenzreihe $G(\phi_0;\phi_1(\gamma_1)^{-1}u_1^{s_1}-1,\phi_2(\gamma_2)^{-1}u_2^{s_2}-1)$ in Integralform umzuschreiben. Durch geeignete Wahl der γ_i werden wir $u_1 = u_2 = u := 1+p$ erreichen. Die Zerlegungsmöglichkeiten von ϕ werden im nachstehenden Diagramm zusammengefaßt, wobei wir $\phi_3 := \phi_{(1)}$ setzen:

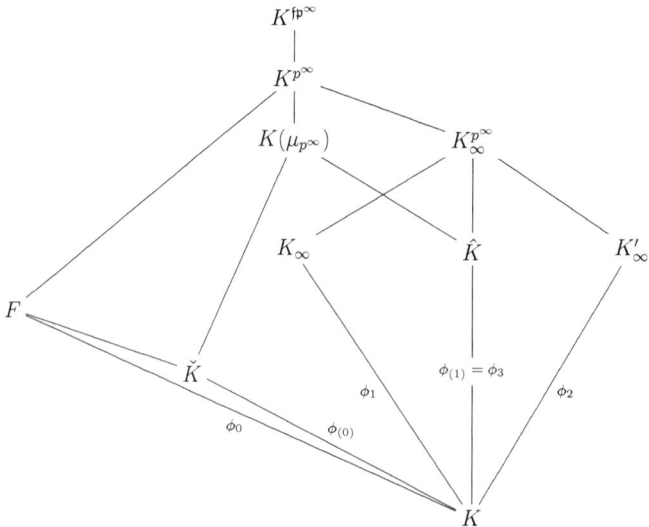

3.1. P-ADISCHE L-FUNKTIONEN IN ZWEI VARIABLEN

Unserem Zweck gemäß schreiben wir

$$s_1 = s + d_1 \quad \text{und} \quad s_2 = s + d_2$$

mit $s \in \mathbb{Z}_p$ und $d_1, d_2 \in \mathbb{Z}_p$, und wir wählen die topologischen Erzeuger γ_1 von $\text{Gal}(K_\infty/K)$, γ_2 von $\text{Gal}(K'_\infty/K)$ und γ_3 von $\text{Gal}(\hat{K}/K)$ so, dass die zugehörigen u_i gleich $u := 1 + p$ sind.
Weiter setzen wir

$$\begin{aligned} T_1 &:= \phi_1(\gamma_1)^{-1} u^{s+d_1} - 1, \\ T_2 &:= \phi_2(\gamma_2)^{-1} u^{s+d_2} - 1, \\ T_3 &:= \phi_3(\gamma_3)^{-1} u^s - 1. \end{aligned}$$

Wir betrachten die folgende Komposition

$$\begin{array}{ccccccc} \text{Gal}(K_\infty/K) & \hookrightarrow & \text{Gal}(K_\infty/K) \times \text{Gal}(K'_\infty/K) & = & \text{Gal}(K_\infty^{p^\infty}/K) & \xrightarrow{\text{Res}|_{\hat{K}}} & \text{Gal}(\hat{K}/K) \\ \gamma_1 & \longmapsto & (\gamma_1, 1) & & & \longmapsto & \gamma_3^{a_1}, \end{array}$$

für geeignete $a_1, b_1 \in \mathbb{Z}_p$. Ganz analog dazu haben wir

$$\begin{array}{ccccccc} \text{Gal}(K'_\infty/K) & \hookrightarrow & \text{Gal}(K_\infty/K) \times \text{Gal}(K'_\infty/K) & = & \text{Gal}(K_\infty^{p^\infty}/K) & \xrightarrow{\text{Res}|_{\hat{K}}} & \text{Gal}(\hat{K}/K) \\ \gamma_2 & \longmapsto & (1, \gamma_2) & & & \longmapsto & \gamma_3^{a_2}, \end{array}$$

für geeignete $a_2, b_2 \in \mathbb{Z}_p$. Zusammen mit der Zerlegung $\phi_{(1)} = \phi_1 \otimes \phi_2$ erkennen wir die folgenden Relationen:

$$\phi_1(\gamma_1) = \phi_3(\gamma_3^{a_1}) \quad \text{und} \quad \phi_2(\gamma_2) = \phi_3(\gamma_3^{a_2}). \tag{3.4}$$

So erhalten wir

$$\begin{aligned} T_1 &= \phi_3(\gamma_3)^{-a_1} u^{s+d_1} - 1 = (T_3+1)^{a_1} u^{s+d_1-a_1 s} - 1, \\ T_2 &= \phi_3(\gamma_3)^{-a_2} u^{s+d_2} - 1 = (T_3+1)^{a_2} u^{s+d_2-a_2 s} - 1. \end{aligned} \tag{3.5}$$

Ist $G(T_1, T_2) \in \mathcal{O}[[T_1, T_2]]$ eine beliebige formale Potenzreihe, so entsteht nach der Variablensubstitution (3.5) eine formale Potenzreihe $H(T_3) \in \mathcal{O}[[T_3]]$. Diese ist wohldefiniert, d. h.:

Behauptung. *Die Koeffizienten von der Potenzreihe*

$$H(T_3) = G(T_1, T_2) = G\left((T_3+1)^{a_1} u^{s+d_1-a_1 s} - 1, (T_3+1)^{a_2} u^{s+d_2-a_2 s} - 1\right)$$

liegen in $\mathcal{O}$.

Beweis. Zum Beweis schreiben wir zunächst die formale Potenzreihe $G(T_1, T_2)$ in der Summenform und machen die Substitution

$$\begin{aligned} G(T_1, T_2) &= \sum_{i,j} a_{i,j} T_1^i T_2^j \\ &= \sum_{i,j} a_{i,j} \left((T_3+1)^{a_1} u^{s+d_1-a_1 s} - 1\right)^i \left((T_3+1)^{a_2} u^{s+d_2-a_2 s} - 1\right)^j. \end{aligned}$$

Es ist einfach zu sehen, dass

$$(T_3+1)^{a_1} u^{s+d_1-a_1 s} - 1 \equiv 0 \mod (p, T_3),$$
$$(T_3+1)^{a_2} u^{s+d_2-a_2 s} - 1 \equiv 0 \mod (p, T_3),$$

da wir ja $u = 1+p$ gesetzt haben. Deshalb können wir die Potenzreihe H wie folgt darstellen:

$$\begin{aligned} H(T_3) &= \sum_{i,j} a_{i,j} \left(T_3 f(T_3) + \alpha_0 p\right)^i \left(T_3 g(T_3) + \beta_0 p\right)^j \\ &= \sum_{i,j} a_{i,j} \left(\sum_{k=0}^{i} \binom{i}{k} T_3^k f(T_3)^k (\alpha_0 p)^{i-k}\right) \left(\sum_{k=0}^{j} \binom{j}{k} T_3^k g(T_3)^k (\beta_0 p)^{j-k}\right) \end{aligned}$$

mit Potenzreihen $f, g \in \mathbb{Z}_p[[T]]$ und $\alpha_0, \beta_0 \in \mathcal{O}$. Der konstante Term von $H(T_3)$ ist $\sum_{i,j} a_{i,j} \alpha_0^i \beta_0^j p^{i+j}$, die p-Ordnung der Summanden geht gegen ∞, wenn die Indizes i, j ins Unendliche gehen, daher ist der konstante Term wohldefiniert in $\mathcal{O}$. Wir können $H(T_3)$ weiter sortieren und folgendermaßen ausdrücken:

$$H(T_3) = \sum_{k=0}^{\infty} \left(\sum_{i,j} p^{i+j-k} b_{i,j}\right) T_3^k, \quad b_{i,j} \in \mathcal{O}.$$

Werden die Indizes i, j immer größer, so ist $\operatorname{ord}_p(p^{i+j-k} b_{i,j}) \longrightarrow \infty$ bei festem k. Somit konvergiert die Summe $\sum_{i,j} p^{i+j-k} b_{i,j}$, der Beweis der Wohldefiniertheit der Koeffizienten von T_3^k für ein beliebiges $k \in \mathbb{N}_0$ ist also erbracht. $\square$

Wie im Kapitel 1 ausgeführt wurde, korrespondiert zu einem gegebenen $\mathcal{O}$-wertigen Maß $d\mu$ auf $\operatorname{Gal}(K(\mu_{p^\infty})/K) \cong \operatorname{Gal}(\check{K}/K) \times \operatorname{Gal}(\hat{K}/K)$ ein Tupel $(H_{\phi_{(0)}})_{\phi_{(0)} \in \widehat{\operatorname{Gal}(\check{K}/K)}}$ von Potenzreihen, und es gilt für ein festes $\phi_{(0)}$ aufgrund $\phi_3 = \phi_{(1)}$ und $\phi = \phi_{(0)} \otimes \phi_{(1)}$

$$\begin{aligned} H_{\phi_{(0)}}(\phi_3(\gamma_3)^{-1} u^s - 1) &= \int_{\operatorname{Gal}(K(\mu_{p^\infty})/K)} \phi_{(0)}(\omega(x))^{-1} \phi_{(1)}(\langle x \rangle)^{-1} \langle x \rangle^s d\mu(x) \\ &= \int_{\operatorname{Gal}(K(\mu_{p^\infty})/K)} \phi(x)^{-1} \langle x \rangle^s d\mu(x), \end{aligned} \quad (3.6)$$

hierbei bezeichne $\langle x \rangle$ die Projektion von x auf $1 + p\mathbb{Z}_p \cong \operatorname{Gal}(\hat{K}/K)$. Damit haben wir alle Vorbereitungen getroffen, um das Hauptresultat dieses Kapitels herleiten zu können.

3.1.5 p-adische Interpolation

Wir ziehen jetzt den vom Größencharakter $\psi_{E/K}$ induzierten Galoischarakter auf $G := \mathrm{Gal}(K(E[\mathfrak{p}^\infty])/K)$ in Betracht. Die Isomorphien $G \cong \mathbb{Z}_p^\times \cong \mathbb{Z}/(p-1)\mathbb{Z} \times (1+p\mathbb{Z}_p)$ führen zu einer Zerlegung $\psi_{E/K} = \psi_\Delta \otimes \psi_{\mathbb{Z}_p}$ mit

$$\psi_\Delta : \ \mathrm{Gal}(K(E[\mathfrak{p}])/K) \xrightarrow{\sim} \mathbb{Z}/(p-1)\mathbb{Z},$$
$$\psi_{\mathbb{Z}_p} : \ \mathrm{Gal}(K(E[\mathfrak{p}^\infty])/K(E[\mathfrak{p}])) \xrightarrow{\sim} 1+p\mathbb{Z}_p.$$

Insbesondere kann $\psi_{\mathbb{Z}_p}$ mit dem Isomorphismus κ_1 von $\mathrm{Gal}(K_\infty/K)$ nach $1+p\mathbb{Z}_p$ identifiziert werden, dies folgt aus dem schon bewiesenen Diagramm

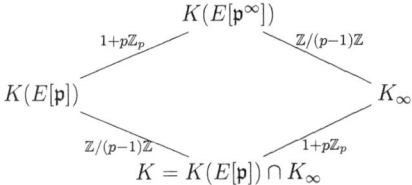

Genauso lässt sich $\psi_{E/K}^*$ als Charakter von $\mathrm{Gal}(K(E[\bar{\mathfrak{p}}^\infty])/K)$ schreiben als $\psi_{E/K}^* = \psi_\Delta^* \otimes \psi_{\mathbb{Z}_p}^*$ und $\psi_{\mathbb{Z}_p}^*$ lässt sich mit dem Isomorphismus κ_2 von $\mathrm{Gal}(K_\infty'/K)$ nach $1+p\mathbb{Z}_p$ identifizieren.

Zur p-adischen Interpolation der Rankin-Selberg-L-Funktion $L(\mathrm{Sym}^2 E \otimes E_{/\mathbb{Q}} \otimes \chi, s) = L(\psi_{E/K}^3 \cdot \chi_{/K}, s) \cdot L(\psi_{E/K}^2 \bar{\psi}_{E/K} \cdot \chi_{/K}, s)^2$ an der kritischen Stelle $s=2$ befassen wir uns als Erstes mit dem Faktor $L(\psi_{E/K}^3 \cdot \chi_{/K}, s) = L(\bar{\psi}_{E/K}^3 \cdot \chi_{/K}, s) = L(\psi_{E/K}^{-2}\bar{\psi}_{E/K} \cdot \chi_{/K}, s-2)$ und setzen

$\mathfrak{f}_1 := \mathfrak{f}_{\psi_{E/K}^3} \bar{\mathfrak{p}}^\infty,$
$\varepsilon_1 := \psi_{E/K}^{-2} \bar{\psi}_{E/K} \chi_{/K},$
$\eta_1 := \psi_\Delta^{-2} \psi_\Delta^* \chi_{/K},$
$(s, s_1, s_2) := (1, 2, -1).$

Der Nicht-p-Anteil des Führers von ε_1 ist gleich $\mathfrak{f}_{\psi_{E/K}^3}$, somit erfüllt $\mathfrak{f}_1$ die Voraussetzung des Satzes[3] 3.6. Als Charakter auf $\mathrm{Gal}(K(E[\mathfrak{p}])/K)$ lässt sich ψ_Δ aufgrund der Inklusion $K(E[\mathfrak{p}]) \subset K^{\mathfrak{p}^\infty}$ zu einem Charakter auf $\mathrm{Gal}(K^{\mathfrak{p}^\infty}/K)$ hochliften, weshalb η_1 als ein Charakter endlicher Ordnung auf $\mathrm{Gal}(K^{\mathfrak{p}^\infty}/K)$ gesehen wird. Analog geht es mit ψ_Δ^*.

Bezeichne $d\mu_{\mathfrak{f}_1}$ das eindeutig bestimmte Maß auf $\mathcal{G}(\mathfrak{f}_1) = \mathrm{Gal}(K^{\mathfrak{f}_1 \mathfrak{p}^\infty}/K)$ aus §3.1.3, dann ist definitionsgemäß (vgl. Definition 3.7)

$$\begin{aligned}
L_{p,\mathfrak{f}_1}(\eta_1, 2, -1) := L_{p,\mathfrak{f}_1}(\eta_1 \kappa_1^{-2} \kappa_2) &= \int_{\mathcal{G}(\mathfrak{f}_1)} \eta_1^{-1} \kappa_1^2 \kappa_2^{-1} d\mu_{\mathfrak{f}_1} \\
&= \int_{\mathcal{G}(\mathfrak{f}_1)} \chi_{/K}^{-1} \psi_\Delta^2 \psi_\Delta^{*-1} \psi_{\mathbb{Z}_p}^2 \psi_{\mathbb{Z}_p}^{*-1} d\mu_{\mathfrak{f}_1} \\
&= \int_{\mathcal{G}(\mathfrak{f}_1)} \chi_{/K}^{-1} \psi_{E/K}^2 \psi_{E/K}^{*-1} d\mu_{\mathfrak{f}_1}. \quad (3.7)
\end{aligned}$$

---
[3] Das zugehörige Ideal $\mathfrak{g}_1$ ist gleich $\mathfrak{f}_{\psi_{E/K}^3}$.

KAPITEL 3. P-ADISCHE INTERPOLATION

Auf dies können wir den Satz 3.6 anwenden und erhalten wegen $(k,j) = (2,-1)$ folgendes Ergebnis:

$$\Omega_{p,1}^{-3} \int_{\mathcal{G}(\mathfrak{f}_1)} \psi_{E/K}^2 \psi_{E/K}^{*-1} \chi_{/K}^{-1} d\mu_{\mathfrak{f}_1}$$

$$= \Omega_{dS,1}^{-3} \cdot \frac{2\pi}{\sqrt{d_K}} \cdot G(\psi_{E/K}^2 \bar{\psi}_{E/K}^{-1} \chi_{/K}^{-1}) \cdot L^{(\mathfrak{f}_1)}(\psi_{E/K}^{-2} \bar{\psi}_{E/K} \cdot \chi_{/K}, 0)$$

$$= \Omega_{dS,1}^{-3} \cdot \frac{2\pi}{\sqrt{d_K}} \cdot G(\psi_{E/K}^2 \bar{\psi}_{E/K}^{-1} \chi_{/K}^{-1}) \cdot L^{(\bar{\mathfrak{p}})}(\psi_{E/K}^{-2} \bar{\psi}_{E/K} \cdot \chi_{/K}, 0)$$

$$= \Omega_{dS,1}^{-3} \cdot \frac{2\pi}{\sqrt{d_K}} \cdot G(\psi_{E/K}^2 \bar{\psi}_{E/K}^{-1} \chi_{/K}^{-1}) \cdot \frac{\Gamma(2)}{(2\pi)^2} \cdot L^{(\infty)}(\psi_{E/K}^{-2} \bar{\psi}_{E/K} \cdot \chi_{/K}, 0)$$

$$= \frac{\Omega_{dS,1}^{-3}}{2\pi\sqrt{d_K}} \cdot G(\psi_{E/K}^2 \bar{\psi}_{E/K}^{-1} \chi_{/K}^{-1}) \cdot L^{(\infty)}(\psi_{E/K}^{-2} \bar{\psi}_{E/K} \cdot \chi_{/K}, 0) \qquad (3.8)$$

mit einer komplexen Periode $\Omega_{dS,1} \in \mathbb{C}^\times$ und einer p-adischen Periode $\Omega_{p,1} \in \mathbb{C}_p^\times$, wobei die zweite Gleichung aus der Verzweigtheit des Größencharakters $\psi_{E/K}^{-2} \bar{\psi}_{E/K}$ bei allen Primidealteilern von $\mathfrak{f}_{\psi_{E/K}^3}$ und die dritte Gleichung aus der Verzweigtheit des Twists χ bei p folgt, falls $\chi \neq 1$.

Bevor wir fortfahren, schicken wir noch eine Bemerkung voraus. Sei nun $\mathfrak{f}$ ein Pseudoideal wie im Satze 3.6. Wir betrachten das folgende Diagramm:

$$\begin{array}{ccc} \mathcal{G}(\mathfrak{f}) & & \\ {\scriptstyle p}\downarrow & \searrow^{\pi} & \\ \mathrm{Gal}(K(\mu_{p^\infty})/K) & \xrightarrow{i} & \mathrm{Gal}(\mathbb{Q}(\mu_{p^\infty})/\mathbb{Q}), \end{array}$$

wobei p die Einschränkung, i der Isomorphismus und π die Komposition $p \circ i$ sei. Zu einem gegebenen Maß $d\nu$, das auf der Galoisgruppe $\mathcal{G}(\mathfrak{f})$ definiert ist, induzieren die Abbildungen p und π jeweils ein Maß $dp_*\nu$ auf $\mathrm{Gal}(K(\mu_{p^\infty})/K)$ und ein Maß $d\pi_*\nu$ auf $\mathrm{Gal}(\mathbb{Q}(\mu_{p^\infty})/\mathbb{Q})$, welches genau das induzierte Maß $di_*(p_*\nu)$ ist.

Definieren wir nun ein neues Maß auf $\mathcal{G}(\mathfrak{f}_1)$

$$d\mu_1 := \psi_{E/K}^2 \psi_{E/K}^{*-1} d\mu_{\mathfrak{f}_1},$$

so finden wir, wie bereits in §3.1.3 erwähnt wurde, eine formale Potenzreihe $G(\chi_0; T_1, T_2) \in \mathcal{O}[[T_1, T_2]]$, derart dass

$$\int_{\mathcal{G}(\mathfrak{f}_1)} \chi_{/K}^{-1} d\mu_1 \stackrel{(s_1,s_2)=(2,-1)}{=} G(\chi_0; \chi_1(\gamma_1)^{-1} u^2 - 1, \chi_2(\gamma_2)^{-1} u^{-1} - 1).$$

Wie im vorigen Abschnitt zeigen wir die Existenz einer Potenzreihe $H_{\chi^{(0)}} \in \mathcal{O}[[T]]$ mit

$$\int_{\mathcal{G}(\mathfrak{f}_1)} \chi_{/K}^{-1} d\mu_1 \stackrel{s=1}{=} H_{\chi^{(0)}}(\chi_3(\gamma_3)^{-1} u - 1)$$

$$\stackrel{(3.6)}{=} \int_{\mathrm{Gal}(K(\mu_{p^\infty})/K)} \chi_{/K}(x)^{-1} \langle x \rangle dp_* \mu_1(x), \qquad (3.9)$$

3.1. P-ADISCHE L-FUNKTIONEN IN ZWEI VARIABLEN

dabei ist $dp_*\mu_1$ genau das zu $(H_{\chi_{(0)}})_{\chi_{(0)} \in \widehat{\mathrm{Gal}(\bar{K}/K)}}$ korrespondierende Maß auf $\mathrm{Gal}(K(\mu_{p^\infty})/K)$. Da der Charakter χ über $\mathbb{Q}$ definiert ist, können wir (3.9) umschreiben als

$$\int_{\mathcal{G}(\mathfrak{f}_1)} \chi_{/K}^{-1} d\mu_1 = \int_{\mathrm{Gal}(\mathbb{Q}(\mu_{p^\infty})/\mathbb{Q})} \chi(x)^{-1} \langle x \rangle d\tilde{\mu}_1(x)$$

mit $\tilde{\mu}_1 = i_*(p_*\mu) = \pi_*\mu_1$. Zusammen mit (3.8) ergibt sich unmittelbar

$$\begin{aligned}
\Omega_{p,1}^{-3} \int_{\mathrm{Gal}(\mathbb{Q}(\mu_{p^\infty})/\mathbb{Q})} \chi(x)^{-1} \langle x \rangle d\tilde{\mu}_1 &= \frac{\Omega_{\mathrm{dS},1}^{-3}}{2\pi\sqrt{d_K}} \cdot G(\psi_{E/K}^2 \bar{\psi}_{E/K}^{-1} \chi_{/K}^{-1}) \cdot L^{(\infty)}(\psi_{E/K}^{-2} \bar{\psi}_{E/K} \cdot \chi_{/K}, 0) \\
&= \frac{\Omega_{\mathrm{dS},1}^{-3}}{2\pi\sqrt{d_K}} \cdot \frac{p^n}{\bar{\psi}_{E/K}^{3n}(\mathfrak{p})} \cdot G(\chi^{-1}) \cdot L^{(\infty)}(\psi_{E/K}^{-2} \bar{\psi}_{E/K} \cdot \chi_{/K}, 0) \\
&= \frac{\Omega_{\mathrm{dS},1}^{-3}}{2\pi\sqrt{d_K}} \cdot \frac{\psi_{E/K}^{3n}(\mathfrak{p})}{p^{2n}} \cdot G(\chi^{-1}) \cdot L^{(\infty)}(\psi_{E/K}^{-2} \bar{\psi}_{E/K} \cdot \chi_{/K}, 0)
\end{aligned}$$
(3.10)

Die Berechnung der Pseudo-Gaußsumme $G(\psi_{E/K}^2 \bar{\psi}_{E/K}^{-1} \chi_{/K}^{-1})$ findet sich später in (3.31) mit $u = 1, l = 2, a = 3$ und n sei der Exponent von p im Führer von χ.

Als Nächstes führen wir die p-adische Interpolation des zweiten Faktors $L(\psi_{E/K}^2 \bar{\psi}_{E/K} \cdot \chi_{/K}, 2) = L(\bar{\psi}_{E/K}^{-1} \cdot \chi_{/K}, 0) = L(\psi_{E/K}^{-1} \cdot \chi_{/K}, 0)$ durch. Wir schreiben nun[4]

$\mathfrak{f}_2 := \mathfrak{f}_E \bar{\mathfrak{p}}^\infty,$
$\varepsilon_2 := \psi_{E/K}^{-1} \chi_{/K},$
$\eta_2 := \psi_\Delta^{-1} \chi_{/K},$
$(s, s_1, s_2) := (1, 1, 0).$

Somit ergibt sich

$$\begin{aligned}
L_{p,\mathfrak{f}_2}(\eta_2, 1, 0) &= L_{p,\mathfrak{f}_2}(\chi_{/K} \psi_\Delta^{-1} \kappa_1^{-1}) \\
&= L_{p,\mathfrak{f}_2}(\chi_{/K} \psi_{E/K}^{-1}) \\
&= \int_{\mathcal{G}(\mathfrak{f}_2)} \chi_{/K}^{-1} \psi_{E/K} d\mu_{\mathfrak{f}_2} \\
&= \int_{\mathcal{G}(\mathfrak{f}_2)} \chi_{/K}^{-1} d\mu_2.
\end{aligned}$$

Die letzte Gleichung erhalten wir, indem wir mit $\psi_{E/K}$ und dem alten Maß $d\mu_{\mathfrak{f}_2}$ ein neues Maß $d\mu_2 := \psi_{E/K} d\mu_{\mathfrak{f}_2}$ konstruieren. Wie beim ersten L-Faktor von $L(\mathrm{Sym}^2 E \otimes E_{/\mathbb{Q}} \otimes \chi, s)$ existieren eine formale Potenzreihe $G'(\chi_0, T_1, T_2) \in \mathcal{O}[[T_1, T_2]]$ und eine formale Potenzreihe

---
[4] Jetzt ist das zu $\mathfrak{f}_2$ gehörige Ideal $\mathfrak{g}_2$ gleich $\mathfrak{f}_E$.

$H'_{\chi_{(0)}} \in \mathcal{O}[[T]]$, sodass

$$\int_{\mathcal{G}(\mathfrak{f}_2)} \chi_{/K}^{-1} d\mu_2 \stackrel{(s_1,s_2)=(1,0)}{=} G'(\chi_0; \chi_1(\gamma_1)^{-1}u - 1, \chi_2(\gamma_2)^{-1} - 1)$$
$$= H'_{\chi_{(0)}}(\chi_3(\gamma_3)^{-1}u - 1)$$
$$= \int_{\mathrm{Gal}(K(\mu_{p^\infty})/K)} \chi_{/K}(x)^{-1} \langle x \rangle dp_*\mu_2(x)$$
$$= \int_{\mathrm{Gal}(\mathbb{Q}(\mu_{p^\infty})/\mathbb{Q})} \chi(x)^{-1} \langle x \rangle d\tilde{\mu}_2(x),$$

hierbei ist $dp_*\mu_2$ genau das zu $(H_{\chi_{(0)}})_{\chi_{(0)} \in \widehat{\mathrm{Gal}(\bar{K}/K)}}$ korrespondierende Maß auf $\mathrm{Gal}(K(\mu_{p^\infty})/K)$ und $d\tilde{\mu}_2$ das induzierte Maß $d\pi_*(\mu_2)$ auf $\mathrm{Gal}(\mathbb{Q}(\mu_{p^\infty})/\mathbb{Q})$. Damit zeigt sich die p-adische Interpolation für den Faktor $L(\psi_{E/K}^{-1} \cdot \chi_{/K}, 0)^2$ wegen $(k, j) = (1, 0)$ in der Form[5]

$$\Omega_{p,2}^{-1} \int_{\mathrm{Gal}(\mathbb{Q}(\mu_{p^\infty})/\mathbb{Q})} \chi(x)^{-1} \langle x \rangle d\tilde{\mu}_2(x)$$
$$= \Omega_{\mathrm{dS},2}^{-1} \cdot G(\psi_{E/K}^{-1} \chi_{/K}^{-1}) \cdot L^{(\bar{\mathfrak{p}})}(\psi_{E/K}^{-1} \cdot \chi_{/K}, 0)$$
$$= \Omega_{\mathrm{dS},2}^{-1} \cdot G(\psi_{E/K}^{-1} \chi_{/K}^{-1}) \cdot \frac{\Gamma(1)}{2\pi} \cdot L^{(\infty)}(\psi_{E/K}^{-1} \cdot \chi_{/K}, 0)$$
$$= \frac{\Omega_{\mathrm{dS},2}^{-1}}{2\pi} \cdot G(\psi_{E/K}^{-1} \chi_{/K}^{-1}) \cdot L^{(\infty)}(\psi_{E/K}^{-1} \cdot \chi_{/K}, 0)$$
$$= \frac{\Omega_{\mathrm{dS},2}^{-1}}{2\pi} \cdot \frac{\bar{\psi}_{E/K}^n(\mathfrak{p})}{p^{2n}} \cdot G(\chi^{-1}) \cdot L^{(\infty)}(\psi_{E/K}^{-1} \cdot \chi_{/K}, 0)$$
$$= \frac{\Omega_{\mathrm{dS},2}^{-1}}{2\pi} \cdot \frac{1}{p^n \psi_{E/K}^n(\mathfrak{p})} \cdot G(\chi^{-1}) \cdot L^{(\infty)}(\psi_{E/K}^{-1} \cdot \chi_{/K}, 0) \quad (3.11)$$

mit einer komplexen Periode $\Omega_{\mathrm{dS},2} \in \mathbb{C}^\times$ une einer p-adischen Periode $\Omega_{p,2} \in \mathbb{C}_p^\times$.

Zusammen mit Blick auf (3.10) können wir nun das angestrebte Resultat bereitstellen, indem wir $\Omega_{\mathrm{dS}} := \Omega_{\mathrm{dS},1}^{-3} \cdot \Omega_{\mathrm{dS},2}^{-2}$, $\Omega_p := \Omega_{p,1}^{-3} \cdot \Omega_{p,2}^{-2}$ setzen und ein neues Maß $d\mu$ als Faltungsprodukt $d\tilde{\mu}_1 \otimes d\tilde{\mu}_2^{\otimes 2}$ definieren:

Satz 3.8. *Es existieren eine komplexe Periode $\Omega_{\mathrm{dS}} \in \mathbb{C}^\times$, eine p-adische Periode $\Omega_p \in \mathbb{C}_p^\times$ und ein eindeutig bestimmtes Maß $d\mu$ auf $\mathrm{Gal}(\mathbb{Q}(\mu_{p^\infty})/\mathbb{Q})$, sodass für jeden beliebigen Charakter χ auf $\mathrm{Gal}(\mathbb{Q}(\mu_{p^\infty})/\mathbb{Q})$ von endlicher Ordnung mit dem Führer $p^n, n \in \mathbb{N}$, die folgende p-adische Interpolation gilt:*

$$\Omega_p \int_{\mathrm{Gal}(\mathbb{Q}(\mu_{p^\infty})/\mathbb{Q})} \chi(x)^{-1} \langle x \rangle d\mu \quad (3.12)$$
$$= \frac{\Omega_{\mathrm{dS}}}{(2\pi)^3 \sqrt{d_K}} \cdot \frac{\psi_{E/K}^n(\mathfrak{p})}{p^{4n}} \cdot G(\chi^{-1})^3 \cdot L^{(\infty)}(\mathrm{Sym}^2 E \otimes E_{/\mathbb{Q}} \otimes \chi, 2).$$

---
[5]Zur Berechnung von $G(\psi_{E/K}^{-1} \chi_{/K}^{-1})$ setzen wir $u = 1, l = -1, a = -1$, vgl. (3.31).

3.2 p-adische Funktionalgleichung

Wie die klassischen komplexen L-Funktionen erfüllen auch die p-adischen L-Funktionen in zwei Variablen eine Funktionalgleichung. Es ist nun unser Anliegen, diese für unsere Situation herzuleiten, aber zunächst schicken wir noch die allgemeine Theorie voraus.

In diesem Abschnitt benutzen wir die folgende Notation:

ε = ein beliebiger Größencharakter über K vom Unendlichtyp (k,j),
$\check{\varepsilon}(\mathfrak{a}) = \varepsilon^{-1}(\bar{\mathfrak{a}})(\mathcal{N}\mathfrak{a})^{-1}$ für alle $\mathfrak{a} \triangleleft \mathcal{O}_K$, die teilerfremd zum Führer $\mathfrak{f}_\varepsilon$ sind,
$\mathfrak{f}$ = ein ganzes Ideal von $\mathcal{O}_K$ mit $(\mathfrak{f}, \mathfrak{p}) = 1$,
$\mathcal{G}$ = $\mathrm{Gal}(K^{\mathfrak{f}\mathfrak{p}^\infty}/K)$,
$\check{\mathcal{G}}$ = $\mathrm{Gal}(K^{\bar{\mathfrak{f}}\bar{\mathfrak{p}}^\infty}/K)$.

Dank der Klassenkörpertheorie kann ε klarerweise auch als ein p-adischer Charakter von $\mathcal{G}$ aufgefaßt werden. Übrigens überzeugen wir uns leicht, dass $\check{\varepsilon}$ dann ein Größencharakter vom Unendlichtyp $(-j-1, -k-1)$ ist. Bezeichnet τ die komplexe Konjugation, so ist $\check{\varepsilon}$ gleichzeitig auch ein p-adischer Charakter von $\check{\mathcal{G}}$ vermöge der Vorschrift

$$\check{\varepsilon}(\sigma) = \varepsilon^{-1} \mathcal{N}^{-1}(\tau \sigma \tau^{-1}).$$

Offenbar haben wir $\varepsilon \bar{\varepsilon} = \mathcal{N}^{k+j}$. Demzufolge gilt $L^{(\infty)}(\check{\varepsilon}, 0) = L^{(\infty)}(\varepsilon^{-1} \mathcal{N}^{-1}, 0) = L^{(\infty)}(\bar{\varepsilon}, 1+k+j)$ und somit lässt sich die komplexe Funktionalgleichung für ε (vgl. [dS87, II. 1, S. 37]) wie folgt umformulieren:

$$L(\varepsilon, 0) = W(\varepsilon) \cdot (d_K \cdot \mathcal{N}\mathfrak{f}_\varepsilon)^{\frac{1+k+j}{2}} \cdot L(\check{\varepsilon}, 0).$$

Die Größe $W(\varepsilon)$, welche von ε abhängt, heißt die *Artinsche Wurzelzahl*[6], und hat den absoluten Betrag 1.

Zur Herleitung der p-adischen Funktionalgleichung für ε ist es nötig, die p-ten Einheitswurzeln ζ_n einzuführen. Dazu schreiben wir für jedes $n \in \mathbb{N}$ w_n und u_n: der eindeutig bestimmte $\bar{\mathfrak{p}}^n$- und der eindeutig bestimmte $\mathfrak{p}^n$-Teilungspunkt[7] des Gitters $p^n \mathcal{O}_K$, sodass w_n und u_n die simultanen Kongruenzen

$$w_n \equiv 1 \mod \bar{\mathfrak{p}}^n \quad \text{und} \quad w_n \equiv 0 \mod \mathfrak{p}^n,$$

$$u_n \equiv -1 \mod \mathfrak{p}^n \quad \text{und} \quad u_n \equiv 0 \mod \bar{\mathfrak{p}}^n$$

lösen. Somit genügen w_n und u_n der Kongruenzgleichung

$$w_n - u_n \equiv 1 \mod p^n \mathcal{O}_K.$$

Die Weil-Paarung $e_{p^n}(\cdot, \cdot)$ gibt Anlass zu einer primitiven p^n-ten Einheitswurzel

$$\zeta_n := e_{p^n}(w_n, u_n).$$

---

[6]Näheres dazu siehe [dS87, II. 1.1 und II. 6.1].
[7]D. h. $w_n \in \{x \in \mathcal{O}_K \mid rx \in p^n \mathcal{O}_K \text{ für alle } r \in \bar{\mathfrak{p}}^n\}$ und $u_n \in \{x \in \mathcal{O}_K \mid rx \in p^n \mathcal{O}_K \text{ für alle } r \in \mathfrak{p}^n\}$.

Lemma 3.9. *Es sei* $\delta \in \mathbb{Z}_p^\times$ *das Bild von* $\sqrt{-d_K}$ *unter der Einbettung* $K \hookrightarrow K_\mathfrak{p} = \mathbb{Q}_p$. *Dann gilt:*
$$\zeta_n^\delta = e^{-2\pi i/p^n}.$$

Beweis. Wir schreiben $\mathcal{O}_K = \mathbb{Z} + \mathbb{Z}\tau$ mit $\tau = \sqrt{-d_K}/2$ bzw. $(1+\sqrt{-d_K})/2$, je nachdem ob $d_K \equiv 0 \bmod 4$ oder $d_K \equiv 3 \bmod 4$ ist. Auf den p^n-Teilungspunkten des Gitters $p^n \mathcal{O}_K$ wird die Weil-Paarung wie folgt explizit angegeben (vgl. [dS87, II. 6.2]):
$$e_{p^n}(x,y) = \exp(2\pi i \cdot \frac{\bar{x}y - x\bar{y}}{p^n \sqrt{-d_K}}), \quad x, y \in \mathcal{O}_K/p^n \mathcal{O}_K. \tag{3.13}$$

Setzen wir nun $x = w_n, y = u_n$ in die obige Formel (3.13) ein, so erhalten wir unmittelbar aus einer direkten Rechnung unter Beachtung der Kongruenzrelation $w_n - u_n \equiv 1 \bmod p^n$ die folgende Darstellung
$$\zeta_n = e_{p^n}(w_n, u_n) = \exp(2\pi i \cdot \frac{w_n - \bar{w}_n}{p^n \sqrt{-d_K}}).$$

Wegen $u_n, \bar{w}_n \in \bar{\mathfrak{p}}^n$ und $p^n \subset \bar{\mathfrak{p}}^n$ gilt nun
$$w_n - \bar{w}_n = (w_n - u_n) + (u_n - \bar{w}_n) \equiv 1 \bmod \bar{\mathfrak{p}}^n. \tag{3.14}$$

Nach komplexer Konjugation und anschließend der Multiplikation der Gleichung (3.14) mit -1 gelangen wir zu
$$w_n - \bar{w}_n = -(\bar{w}_n - w_n) \equiv -1 \bmod \mathfrak{p}^n.$$

Daraus folgt, dass in in $K_\mathfrak{p}$ die Kongruenz
$$(w_n - \bar{w}_n)/\sqrt{-d_K} \equiv -\delta^{-1} \bmod \mathfrak{p}^n \tag{3.15}$$

gilt. Aufgrund der Unverzweigtheit von p in $K/\mathbb{Q}$ ist das Bild δ von $\sqrt{-d_K}$ in $K_\mathfrak{p} \cong \mathbb{Q}_p$ sogar eine Einheit. Nun folgt aber aus der Tatsache $(w_n - \bar{w}_n)/\sqrt{-d_K} \in \mathbb{Q}$, dass die Kongruenz (3.15) sogar für modulo p^n besteht. Eine direkte Rechnung liefert dann die gewünschte Formel. □

Im Weiteren sei $\sigma_\delta \in \mathrm{Gal}(K^{\mathfrak{f}p^\infty}/K)$ ein Galoisautomorphismus, der die Bedingung
$$\sigma_\delta(\zeta) = \zeta^\delta \quad \text{für alle } p\text{-Potenz-Einheitswurzeln } \zeta \tag{3.16}$$

erfüllt. Wir setzen ab jetzt die Verzweigtheit des Größencharakters ε bei allen Primidealfaktoren von $\mathfrak{f}$, einem beliebigen zu p teilerfremden ganzen Ideal von $\mathcal{O}_K$, voraus, und erinnern uns, dass ε und $\check{\varepsilon}$ jeweils als ein stetiger p-adischer Charakter von $\mathcal{G} = \mathrm{Gal}(K^{\mathfrak{f}p^\infty}/K)$ und $\check{\mathcal{G}} = \mathrm{Gal}(K^{\bar{\mathfrak{f}}p^\infty}/K)$ aufgefaßt wird. Der Einfachheit halber schreiben wir
$$\begin{aligned} L_p(\varepsilon) &= \int_{\mathcal{G}} \varepsilon^{-1}(\sigma) d\mu(\mathfrak{f}\bar{\mathfrak{p}}^\infty, \sigma), \\ L_p(\check{\varepsilon}) &= \int_{\check{\mathcal{G}}} \check{\varepsilon}^{-1}(\sigma) d\mu(\bar{\mathfrak{f}}\mathfrak{p}^\infty, \sigma), \end{aligned}$$

hierbei ist $d\mu$ das von $\mathfrak{f}$ abhängige Maß aus Satz 3.6. Wir können nun ein Resultat von de Shalit [dS87, II. 6] zitieren, wobei σ_δ bereits durch (3.16) gegeben ist:

3.2. P-ADISCHE FUNKTIONALGLEICHUNG

Satz 3.10 (de Shalit). *Es gibt eine p-adische Einheit $W^{p-\text{adic}}(\varepsilon)$, derart dass*

$$L_p(\varepsilon) = W^{p-\text{adic}}(\varepsilon) \cdot \frac{\check{\varepsilon}(\sigma_{-\delta})}{\varepsilon(\sigma_\delta)} \cdot L_p(\check{\varepsilon}).$$

Bevor wir die p-adische Funktionalgleichung für $L(\text{Sym}^2 E \otimes E_{/\mathbb{Q}} \otimes \chi, s)$ bestimmen, wollen wir jetzt noch eine Bemerkung einschieben: Wegen $\psi_{E/K}(\bar{\mathfrak{a}}) = \bar{\psi}_{E/K}(\mathfrak{a})$ bleibt der Führer $\mathfrak{f}_E$ von $\psi_{E/K}$ invariant unter der komplexen Konjugation. Genauso ist es mit dem Führer des primitiven Größencharakters der Form $\psi_{E/K}^a \bar{\psi}_{E/K}^b$ mit $a, b \in \mathbb{Z}$.

Nunmehr verfahren wir wie in [dS87, II. 6.4] und setzen

$\mathfrak{f}_1 := \mathfrak{f}_{\psi_{E/K}^3},$
$\mathfrak{f}_2 := \mathfrak{f}_E,$
$\varepsilon_1 := \psi_{E/K}^{-2} \bar{\psi}_{E/K} \chi_{/K},$
$\varepsilon_2 := \psi_{E/K}^{-1} \chi_{/K}.$

Die Größencharaktere ε_1 und ε_2 sind beide verzweigt bei allen Primidealfaktoren von $\mathfrak{f}_1$ bzw. $\mathfrak{f}_2$, somit erfüllt unsere Wahl von $\mathfrak{f}_1$ und $\mathfrak{f}_2$ die Voraussetzung des Satzes 3.10. Die dualen Charaktere von ε_1 und ε_2 sind

$$\check{\varepsilon}_1 = \psi_{E/K} \bar{\psi}_{E/K}^{-2} \chi_{/K}^{-1} \quad \text{und} \quad \check{\varepsilon}_2 = \bar{\psi}_{E/K}^{-1} \chi_{/K}^{-1}.$$

Für den Faktor $L(\psi_{E/K}^3 \cdot \chi_{/K}, 2) = L(\bar{\psi}_{E/K}^3 \cdot \chi_{/K}, 2) = L(\psi_{E/K}^{-2} \bar{\psi}_{E/K} \cdot \chi_{/K}, 0)$ drückt sich unter Anwendung des Satzes 3.10 auf $\varepsilon = \varepsilon_1$ die p-adische Funktionalgleichung wie folgt aus:

$$\int_{\mathcal{G}(\mathfrak{f}_1)} \chi_{/K}^{-1} \psi_{E/K}^2 \psi_{E/K}^{*-1} d\mu_{\mathfrak{f}_1}$$
$$= W^{p-\text{adic}}(\psi_{E/K}^{-2} \bar{\psi}_{E/K} \chi_{/K}) \frac{\psi_{E/K} \psi_{E/K}^{*-2} \chi_{/K}^{-1}(\sigma_{-\delta})}{\psi_{E/K}^{-2} \psi_{E/K}^* \chi_{/K}(\sigma_\delta)} \int_{\mathcal{G}(\mathfrak{f}_1)} \chi_{/K} \psi_{E/K}^{-1} \psi_{E/K}^{*2} d\mu_{\mathfrak{f}_1}. \quad (3.17)$$

Ganz gleich wie in der p-adischen Interpolation können wir argumentieren, dass die beiden auf $\mathcal{G}(\mathfrak{f}_1)$ definierten Maße $\psi_{E/K}^2 \psi_{E/K}^{*-1} d\mu_{\mathfrak{f}_1}$ und $\psi_{E/K}^{-1} \psi_{E/K}^{*2} d\mu_{\mathfrak{f}_1}$ das selbe Maß $d\tilde{\mu}_1$ auf $\text{Gal}(\mathbb{Q}(\mu_{p^\infty})/\mathbb{Q})$ induzieren, da der Charakter χ ursprünglich über $\mathbb{Q}$ definiert ist. Das Maß $\psi_{E/K}^2 \psi_{E/K}^{*-1} d\mu_{\mathfrak{f}_1}$ ist also selbstdual auf $\text{Gal}(\mathbb{Q}(\mu_{p^\infty})/\mathbb{Q})$. So lässt sich (3.17) weiter schreiben wie folgt:

$$\int_{\text{Gal}(\mathbb{Q}(\mu_{p^\infty})/\mathbb{Q})} \chi(x)^{-1} \langle x \rangle d\tilde{\mu}_1(x)$$
$$= W^{p-\text{adic}}(\psi_{E/K}^{-2} \bar{\psi}_{E/K} \chi_{/K}) \frac{\psi_{E/K} \psi_{E/K}^{*-2} \chi_{/K}^{-1}(\sigma_{-\delta})}{\psi_{E/K}^{-2} \psi_{E/K}^* \chi_{/K}(\sigma_\delta)} \int_{\text{Gal}(\mathbb{Q}(\mu_{p^\infty})/\mathbb{Q})} \chi(x) \langle x \rangle d\tilde{\mu}_1(x). \quad (3.18)$$

Für den zweiten Faktor $L(\psi_{E/K}^2 \bar{\psi}_{E/K} \cdot \chi_{/K}, 2) = L(\psi_{E/K} \bar{\psi}_{E/K}^2 \cdot \chi_{/K}, 2) = L(\psi_{E/K}^{-1} \cdot \chi_{/K}, 0)$
lautet die p-adische Funktionalgleichung in voller Analogie wie folgt: Wir erhalten aus

$$\int_{\mathcal{G}(\mathfrak{f}_2)} \chi_{/K}^{-1} \psi_{E/K} d\mu_{\mathfrak{f}_2}$$
$$= W^{p-\text{adic}}(\psi_{E/K}^{-1} \chi_{/K}) \frac{\psi_{E/K}^{*-1} \chi_{/K}^{-1}(\sigma_{-\delta})}{\psi_{E/K}^{-1} \chi_{/K}(\sigma_\delta)} \int_{\mathcal{G}(\mathfrak{f}_2)} \chi_{/K} \psi_{E/K}^* d\mu_{\mathfrak{f}_2}$$

die gewünschte Funktionalgleichung

$$\int_{\text{Gal}(\mathbb{Q}(\mu_{p^\infty})/\mathbb{Q})} \chi(x)^{-1} \langle x \rangle d\tilde{\mu}_2(x)$$
$$= W^{p-\text{adic}}(\psi_{E/K}^{-1} \chi_{/K}) \frac{\psi_{E/K}^{*-1} \chi_{/K}^{-1}(\sigma_{-\delta})}{\psi_{E/K}^{-1} \chi_{/K}(\sigma_\delta)} \int_{\text{Gal}(\mathbb{Q}(\mu_{p^\infty})/\mathbb{Q})} \chi(x) \langle x \rangle d\tilde{\mu}_2(x), \quad (3.19)$$

da die beiden Maße $\psi_{E/K} d\mu_{\mathfrak{f}_2}$ und $\psi_{E/K}^* d\mu_{\mathfrak{f}_2}$ das gleiche Maß $d\tilde{\mu}_2$ auf $\text{Gal}(\mathbb{Q}(\mu_{p^\infty})/\mathbb{Q})$ induzieren. Setzen wir nunmehr $W_\chi := W^{p-\text{adic}}(\psi_{E/K}^{-2} \bar{\psi}_{E/K} \chi_{/K}) \cdot W^{p-\text{adic}}(\psi_{E/K}^{-1} \chi_{/K})^2$ und wie im vorigen Abschnitt $d\mu = d\tilde{\mu}_1 \otimes d\tilde{\mu}_2^{\otimes 2}$, so liefert die Multiplikation von (3.18) und (3.19) die angestrebte p-adische Funktionalgleichung:

Satz 3.11. *Für jeden beliebigen Charakter χ auf $\text{Gal}(\mathbb{Q}(\mu_{p^\infty})/\mathbb{Q})$ von endlicher Ordnung mit p-Potenz-Führer existiert eine p-adische Einheit W_χ, sodass die folgende p-adische Funktionalgleichung gilt:*

$$\int_{\text{Gal}(\mathbb{Q}(\mu_{p^\infty})/\mathbb{Q})} \chi(x)^{-1} \langle x \rangle d\mu(x) = W_\chi \cdot \frac{\psi_{E/K} \psi_{E/K}^{*-4} \chi_{/K}^{-3}(\sigma_{-\delta})}{\psi_{E/K}^{-4} \psi_{E/K}^* \chi_{/K}^3(\sigma_\delta)} \cdot \int_{\text{Gal}(\mathbb{Q}(\mu_{p^\infty})/\mathbb{Q})} \chi(x) \langle x \rangle d\mu(x),$$

wobei $d\mu$ das eindeutig bestimmte Maß auf $\text{Gal}(\mathbb{Q}(\mu_{p^\infty})/\mathbb{Q})$ aus Satz 3.8 sei und σ_δ, $\sigma_{-\delta}$ durch (3.16) definiert seien.

3.3 p-adische Interpolation mittels Theta-Reihen

Zu guter Letzt geben wir eine weitere Möglichkeit der Konstruktion der p-adischen L-Funktion zu $\text{Sym}^2 E \otimes E_{/\mathbb{Q}}$ mittels klassischer Θ-Reihen für Modulformen an. Es ist möglich, die Methoden von Manin, Mazur, Tate und Teitelbaum wortwörtlich auf unseren Fall zu übertragen. Um die Darstellung möglichst klar zu halten, beginnen wir mit einer allgemeinen Behandlung der Situation für beliebige Größencharaktere.

3.3.1 Theta-Reihen zu Größencharakteren

Es seien K ein imaginär quadratischer Zahlkörper und ξ ein Größencharakter über K mit dem Führer $\mathfrak{f}$, der der folgenden Bedingung genügt:

$$\xi((a)) = \left(\frac{a}{|a|}\right)^u \quad \text{für alle } a \equiv 1 \bmod^\times \mathfrak{f}$$

3.3. P-ADISCHE INTERPOLATION MITTELS THETA-REIHEN

für ein $u \in \mathbb{Z}$. Dann nennen wir

$$\Theta_k(\xi, z) = \Theta_k(K, \xi, z) = \sum_{\mathfrak{a}} \xi(\mathfrak{a})(\mathcal{N}\mathfrak{a})^{\frac{k-1}{2}} \exp(2\pi i \mathcal{N}\mathfrak{a} \cdot z) = \sum_{\mathfrak{a}} a_n e^{2\pi i n z}$$

mit $k := u + 1$ die *Hecke-Theta-Reihe* (kurz: Theta-Reihe) vom Gewicht k zum Größencharakter ξ. Man überzeugt sich unschwer, dass für die L-Funktion zu dieser Θ-Reihe die Gleichung

$$L^{(\infty)}(\Theta_k(\xi, \cdot), s) = \sum_{n=1}^{\infty} a_n n^{-s} = \sum_{\mathfrak{a}} \xi(\mathfrak{a})(\mathcal{N}\mathfrak{a})^{\frac{k-1}{2}-s} = L^{(\infty)}(\xi, s - \frac{k-1}{2}) \qquad (3.20)$$

besteht. Mehr Auskunft über diese Theta-Reihe gibt uns der folgende Satz [Miy89, Th. 4.8.2]:

Satz 3.12. *In der oben geschilderten Situation ist die Theta-Reihe $f(z) = \Theta_k(\xi, z)$ eine Modulform vom Gewicht k. Im Fall, dass $k \neq 1$ und ξ nicht von einem Dirichlet-Charakter über die Norm induziert wird, ist f eine Spitzenform. Schließlich ist f sogar eine Neuform, falls der Größencharakter ξ primitiv ist.*

Zu unserer ungetwisteten Rankin-Selberg-L-Funktion

$$L(\mathrm{Sym}^2 E \otimes E_{/\mathbb{Q}}, s) = L(\psi_{E/K}^3, s) L(\psi_{E/K}, s-1)^2$$
$$= L(\psi_{E/K}^3 \mid \psi_{E/K} \mid^{-3}, s - 3/2) \cdot L(\psi_{E/K} \mid \psi_{E/K} \mid^{-1}, s - 3/2)^2$$

gibt es also eine Neuform vom Gewicht $3 + 1 = 4$:

$$\Theta_{\psi_{E/K}^3}(z) := \Theta\left(\psi_{E/K}^3 \mid \psi_{E/K} \mid^{-3}, z\right) = \sum_{n=1}^{\infty} \left(\sum_{\mathfrak{a} \triangleleft \mathcal{O}_K, \mathcal{N}\mathfrak{a}=n} \psi_{E/K}^3(\mathfrak{a}) \right) e^{2\pi i n z},$$

sodass deren L-Funktion nach (3.20):

$$L^{(\infty)}(\Theta_{\psi_{E/K}^3}, s) = L^{(\infty)}\left(\psi_{E/K}^3 \mid \psi_{E/K} \mid^{-3}, s - 3/2\right) = L^{(\infty)}(\psi_{E/K}^3, s).$$

In analoger Weise gibt es eine Neuform vom Gewicht $1 + 1 = 2$:

$$\Theta_{\psi_{E/K}}(z) := \Theta\left(\psi_{E/K} \mid \psi_{E/K} \mid^{-1}, z\right) = \sum_{n=1}^{\infty} \left(\sum_{\mathfrak{a} \triangleleft \mathcal{O}_K, \mathcal{N}\mathfrak{a}=n} \psi_{E/K}(\mathfrak{a}) \right) e^{2\pi i n z},$$

sodass deren L-Funktion folgende Form hat:

$$L^{(\infty)}(\Theta_{\psi_{E/K}}, s) = L\left(\psi_{E/K} \mid \psi_{E/K} \mid^{-1}, s - 1/2\right) = L^{(\infty)}(\psi_{E/K}, s).$$

Und die Identität bei unendlichen Stellen kann durch Nachrechnen der Gamma-Faktoren gezeigt werden. Zusammenfassend haben wir also

$$L(\mathrm{Sym}^2 E \otimes E_{/\mathbb{Q}}, s) = L(\Theta_{\psi_{E/K}^3}, s) \cdot L(\Theta_{\psi_{E/K}}, s-1)^2. \qquad (3.21)$$

3.3.2 p-adische L-Funktion zu $L(\mathrm{Sym}^2 E \otimes E_{/\mathbb{Q}}, s)$ mittels Θ-Reihen

Im Folgenden fixieren wir eine Primzahl $p \in \mathbb{P}$. Der Isomorphismus $\mathbb{Z}_p^\times \cong \mu_{p-1} \times (1 + q\mathbb{Z}_p)$ mit $q = p$ für ungerades p und $q = 4$ für $p = 2$ liefert eine Zerlegung für jedes $x \in \mathbb{Z}_p^\times$:

$$x = \omega(x)\langle x \rangle \quad \text{mit } \omega(x) \in \mu_{p-1} \text{ und } \langle x \rangle \in 1 + q\mathbb{Z}_p,$$

wobei ω der Teichmüller-Charakter ist.

Zu einer beliebigen Modulform f (über $\mathbb{Q}$) vom Gewicht 2, die zu einer Weilkurve (z. B. einer elliptischen Kurve) E gehört, die bei p gute Reduktion hat, haben Mazur und Swinnerton-Dyer im Jahre 1974 mittels *modularer Symbole* ein sogenanntes *Mazur-Maß* $d\mu_f$ konstruiert, siehe [MSD74]; und für höheres Gewicht haben Mazur, Tate und Teitelbaum ein entsprechendes p-adisches Maß konstruiert, siehe [MTT86]. Die p-adische L-Funktion zu f ist definiert als die p-adische Mellin-Transformation vom Mazur-Maß:

$$L_p(f, s) = \int_{\mathbb{Z}_p^\times} \langle x \rangle^{s-1} d\mu_f(x), \tag{3.22}$$

siehe auch [BD07].

Schreiben wir $d\mu_1 := d\mu_{\Theta_{\psi^3_{E/K}}}$, $d\mu_2 := d\mu_{\Theta_{\psi_{E/K}}}$ und wenden die Formel (3.22) für $\mathrm{Sym}^2 E \otimes E_{/\mathbb{Q}}$ an, so erhalten wir unter Betrachtung von (3.21) die folgende p-adische L-Funktion

$$\begin{aligned} L_p(\mathrm{Sym}^2 E \otimes E_{/\mathbb{Q}}, s) &= L_p(\Theta_{\psi^3_{E/K}}, s) \cdot L_p(\Theta_{\psi_{E/K}}, s-1)^2 \\ &= \left(\int_{\mathbb{Z}_p^\times} \langle x \rangle^{s-1} d\mu_1(x) \right) \left(\int_{\mathbb{Z}_p^\times} \langle x \rangle^{s-2} d\mu_2(x) \right)^2 \end{aligned} \tag{3.23}$$

Setzen wir weiter

$$\begin{aligned} d\mu' &:= \langle x \rangle d\mu_1 \\ d\mu_2 &:= d\gamma' \\ d\nu &:= d\mu' \otimes (d\gamma')^{\otimes 2}, \end{aligned}$$

so lässt sich (3.23) folgendermaßen umschreiben:

$$\begin{aligned} L_p(\mathrm{Sym}^2 E \otimes E_{/\mathbb{Q}}, s) &= \left(\int_{\mathbb{Z}_p^\times} \langle x \rangle^{s-2} d\mu'(x) \right) \left(\int_{\mathbb{Z}_p^\times} \langle x \rangle^{s-2} d\gamma'(x) \right)^2 \\ &= \int_{\mathbb{Z}_p^\times} \langle x \rangle^{s-2} d\nu(x). \end{aligned}$$

3.3.3 Interpolationseigenschaft

Nachdem wir $\mathrm{Sym}^2 E \otimes E_{/\mathbb{Q}}$ die p-adische L-Funktion $L_p(\mathrm{Sym}^2 E \otimes E_{/\mathbb{Q}}, s)$ à la Mazur und Swinnerton-Dyer [MSD74] zugeordnet haben, betrachten wir nun die allgemeinere Situation und wenden uns der p-adischen Interpolation zu. Für die allgemeine Referenz dazu sei auf [MTT86] und [BD07] hingewiesen.

Es sei $f \in S(N, \varepsilon, k)$, also eine holomorphe Spitzenform vom Gewicht k und Nebentyp ε auf $\Gamma_0(N)$, die eine Hecke-Eigenform vom Hecke-Operator T_p zum Eigenwert a_p ist. a_p ist notwendigerweise eine algebraische ganze Zahl in $\mathbb{C}$, vgl. [MSD74].

Definition 3.13. Eine Nullstelle α des Polynoms

$$X^2 - a_p X + \varepsilon(p) p^{k-1}$$

heißt *zulässige p-Wurzel*, falls $\mathrm{ord}_p \alpha < k - 1$.

Der nächsten Definition der speziellen Charaktere schicken wir die folgende Notation voraus: Für eine zu p teilerfremde natürliche Zahl M schreiben wir

$$\mathbb{Z}_{p,M} := \varprojlim (\mathbb{Z}/p^\nu M \mathbb{Z}) = \mathbb{Z}_p \times (\mathbb{Z}/m\mathbb{Z}),$$

und sei $\mathbb{Z}_{p,M} \to \mathbb{Z}_p$, $x \to x_p$ die natürliche Projektion.

Definition 3.14. Ein *spezieller Charakter* zum Parameter k ist ein p-adischer Charakter $\eta : \mathbb{Z}_{p,M}^\times \to \mathbb{C}_p^\times$ der Form $\eta(x) = x_p^j \cdot \eta_0(x)$ mit $j \in \mathbb{Z}, 0 \leq j \leq k-2$ und einem Charakter η_0 endlicher Ordnung.

Insbesondere ist ein Charakter der Form $\eta(x) = x_p^j \cdot \chi(x)^{-1}$, $0 \leq j \leq k-2$, mit unserem Twist χ als η_0^{-1} ein spezieller Charakter.

Des Weiteren definieren wir zu einem gegebenen speziellen Charakter η mit dem Führer $m = p^\nu M (\nu \in \mathbb{N})$ und einer zu f assoziierten zulässigen p-Wurzel α einen *p-adischen Multiplikator* wie folgt:

$$e_p(\alpha, \eta) := e_p(\alpha, j, \eta_0) := \frac{1}{\alpha^\nu}(1 - \frac{\bar\eta_0(p)\varepsilon(p)p^{k-2-j}}{\alpha})(1 - \frac{\eta_0(p)p^j}{\alpha}).$$

Ferner schreiben wir

$$L_p(f, \alpha, \eta) := \int_{\mathbb{Z}_{p,M}^\times} \eta \, d\mu_{f,\alpha}.$$

Um p-adische Interpolationsformel für unsere Situation zu gewinnen, können wir ein Ergebnis der p-adischen Interpolation zu Hecke-Eigenformen von Tate, Mazur und Teitelbaum [MTT86] jeweils auf $\Theta_{\psi^3_{E/K}}$ und $\Theta_{\psi_{E/K}}$ an, beide Mal setzen wir $M = 1$, dann erhalten wir daraus eine Interpolationsformel für $L(\mathrm{Sym}^2 E \otimes E_{/\mathbb{Q}}, s)$ an der kritischen Stelle $s = 2$.

Die Theta-Reihe $\Theta_{\psi^3_{E/K}}$ ist vom Gewicht $k = 4$. Wir setzen

$$\eta(x) := x \cdot \chi(x)^{-1}.$$

Damit ist $j = 1$ und η ist folglich ein spezieller Charakter.

Weiter wählen wir eine zulässige p-Wurzel α von dem Polynom

$$X^2 - a_p X + \varepsilon(p)p^3,$$

wobei a_p der Eigenwert des Hecke-Operators T_p auf $\Theta_{\psi_{E/K}^3}$ ist.

Das Resultat von Mazur, Tate und Teitelbaum [MTT86, §14] angewandt auf unsere Situation liefert die folgende Interpolationsformel:

$$\int_{\mathbb{Z}_p^\times} \chi(x)^{-1} x \, d\mu_{1,\alpha}(x)$$
$$= -\frac{\Omega_1}{\alpha^n} \cdot (1 - \frac{\chi(p)\varepsilon(p)p}{\alpha})(1 - \frac{\chi(p)^{-1}p}{\alpha}) \cdot \frac{p^{2n}}{2\pi i} \cdot \frac{1}{G(\chi)} \cdot L^{(\infty)}(\Theta_{\psi_{E/K}^3} \otimes \chi_{/K}, 2), \quad (3.24)$$

wobei $d\mu_{1,\alpha}$ eine vereinfachte Schreibweise für $d\mu_{\Theta_{\psi_{E/K}^3},\alpha}$, Ω_1 eine Konstante[8] aus[9] $\mathbb{C}^\times / \mathbb{Z}_{(p)}^\times$ und $G(\chi)$ die Gaußsumme von χ ist.

Für die Hecke-Eigenform $\Theta_{\psi_{E/K}}$, deren Gewicht k gleich 2 ist, setzen wir

$$\eta := \chi^{-1}.$$

Es ist also $j = 0$ und η ist ein spezieller Charakter. Legen wir eine zulässige p-Wurzel α' vom Polynom

$$X^2 - a_p' + \varepsilon'(p)p$$

fest und schreiben der Einfachheit halber $d\mu_{2,\alpha'}$ statt $d\mu_{\Theta_{\psi_{E/K}},\alpha'}$, so erhalten wir wieder nach Mazur, Tate und Teitelbaum [MTT86, §14]:

$$\int_{\mathbb{Z}_p^\times} \chi(x)^{-1} d\mu_{2,\alpha'}(x)$$
$$= -\frac{\Omega_2}{\alpha'^m} \cdot (1 - \frac{\chi(p)\varepsilon'(p)p}{\alpha'})(1 - \frac{\chi(p)^{-1}}{\alpha'}) \cdot \frac{1}{G(\chi)} \cdot L^{(\infty)}(\Theta_{\psi_{E/K}} \otimes \chi_{/K}, 1) \quad (3.25)$$

mit einem $\Omega_2 \in \mathbb{C}^\times / \mathbb{Z}_{(p)}^\times$.

(3.24), (3.25) verknüpft mit (3.21) liefert schließlich das folgende Resultat:

Satz 3.15. *Es gilt die p-adische Interpolationsformel:*

$$\int_{\mathbb{Z}_p^\times} \chi^{-1} d\tilde{\mu} = \frac{\Omega}{\tilde{\alpha}} \cdot (1 - \frac{\chi(p)\varepsilon(p)p}{\alpha})(1 - \frac{\chi(p)\varepsilon'(p)p}{\alpha'})^2 (1 - \frac{\chi(p)^{-1}p}{\alpha})(1 - \frac{\chi(p)^{-1}}{\alpha'})^2 \cdot \frac{p^{2n}}{2\pi i \, G(\chi)^3} \cdot$$
$$\cdot L^{(\infty)}(\text{Sym}^2 E \otimes E_{/\mathbb{Q}} \otimes \chi, 2)$$

mit $d\tilde{\mu} := x d\mu_{1,\alpha} \otimes d\mu_{2,\alpha}^{\otimes 2}$, *einer Konstanten* $\Omega \in \mathbb{C}^\times / \mathbb{Z}_{(p)}^\times$ *und* $\tilde{\alpha} := \alpha^n \alpha'^{2n}$.

---

[8] In der Arbeit von [MTT86, §14] hat eine Periode $\Omega \in \mathbb{C}^\times / \mathbb{Z}_{(p)}^\times$ gefehlt.

[9] $\mathbb{Z}_{(p)} = \{\frac{g}{h} \mid g, h \in \mathbb{Z}, p \nmid h\}$.

3.3.4 Vergleich der Interpolationsergebnisse von de Shalit und von Mazur-Tate-Teitelbaum

Nun sind wir an der geeigneten Stelle gelandet, die p-adischen Interpolationen der Hecke-L-Reihen à la Mazur, Tate und Teitelbaum mittels Modulformen und à la de Shalit, die etwas später entwickelt wurde, zu vergleichen. Dabei betrachten wir statt $\psi_{E/K}$ etwas allgemeiner einen arithmetischen Größencharakter ψ über K vom Unendlichtyp $(u, 0)$ mit einem $u \in \mathbb{Z}$, und zusätzlich noch die Bedingung

$$\psi(\bar{\mathfrak{a}}) = \bar{\psi}(\mathfrak{a}) \quad \text{für alle } \mathfrak{a} \triangleleft \mathcal{O}_K, (\mathfrak{a}, \mathfrak{f}_\psi) = 1$$

erfüllt. Sei $\psi_0 := \psi \cdot \mathcal{N}^{-u/2} = \psi \cdot |\cdot|^{-u}$ die Normierung von ψ, wobei $\mathcal{N}$ die Absolutnorm des Idels bzw. des Ideals bezeichne, je nach der Situation. Offenbar hat ψ_0 den gleichen Führer $\mathfrak{f}_\psi$ wie ψ. Es sei die Primzahl p weiterhin zerlegt in $K/\mathbb{Q}$, d. h. $p = \mathfrak{p}\bar{\mathfrak{p}}$. Der Größencharakter ψ sei bei $\mathfrak{p}$ unverzweigt. Nicht zuletzt habe der Twist $\chi : \text{Gal}(\mathbb{Q}(\mu_{p^\infty})/\mathbb{Q}) \to \overline{\mathbb{Q}}$ von endlicher Ordnung entweder den Führer p^n für ein $n \in \mathbb{N}$, oder χ sei trivial.

Für ein beliebiges $a \in \mathbb{Z}$ ist ψ_0^a ein normierter Größencharakter. Er ist zu einer Neuform f vom Gewicht $k = au + 1$ vom Nebentyp ε assoziiert (vgl. [Köh10]), wegen

$$\psi_0^a((x)) = \left(\frac{x}{|x|}\right)^{ua} \quad \text{für alle } x \equiv 1 \bmod^\times \mathfrak{f}_{\psi_0}, \, x \in K,$$

hierbei bezeichne $|x|$ den Absolutbetrag von x in $\mathbb{C}$, und es besteht die folgende Relation (siehe [Köh10, §5.3]):

$$L^{(\infty)}(f, s) = L^{(\infty)}(\psi_0^a, s - \frac{au}{2}) = L^{(\infty)}(\psi^a, s) = L^{(\infty)}(\bar{\psi}^a, s). \quad (3.26)$$

Wir definieren einen Charakter

$$\eta : \mathbb{Z}_p^\times \longrightarrow \mathbb{C}_p^\times, \quad x \longmapsto x^j \cdot \chi(x)^{-1}$$

mit $j = ul - 1$ mit einem $l \in \mathbb{Z}$, sodass

$$0 \leq ul - 1 \leq au - 1 \quad \text{und} \quad 0 \leq ua - ul < ul. \quad (3.27)$$

Die erste Bedingung dient dazu, dass η ein spezieller Charakter ist und die zweite dazu, dass der getwistete Größencharakter[10] $\psi^{-l}\bar{\psi}^{a-l}\chi_{/K}$ die Voraussetzung der p-adischen Interpolation von de Shalit erfüllt. Wir schließen aus (3.27), dass

$$\begin{aligned} 0 < l \leq a < 2l &\quad, \quad \text{falls } u > 0, \\ 2l < a \leq l < 0 &\quad, \quad \text{falls } u < 0. \end{aligned} \quad (3.28)$$

Insbesondere gilt in beiden Fällen: $-ul < 0$ und $ua - ul > 0$. Im Hinblick auf (3.26) schließen wir, dass das Hecke-Polynom sich wie folgt faktorisieren lässt:

$$X^2 - a_p X + \varepsilon(p) p^{au} = (X - \psi^a(\mathfrak{p}))(X - \bar{\psi}^a(\mathfrak{p}))$$

---
[10] $\psi^{-l}\bar{\psi}^{a-l}$ ist der primitive Gößencharakter.

mit Nullstellen $\psi^a(\mathfrak{p})$ und $\bar\psi^a(\mathfrak{p})$. Wir merken an, dass der Koeffizientenvergleich $\varepsilon(p) = 1$ liefert. Ohne Einschränkung wählen wir $\alpha = \bar\psi^a(\mathfrak{p})$ als eine zulässige p-Wurzel des Hecke-Polynoms und berechnen den p-adischen Multiplikator

$$e_p(\alpha, j) = \begin{cases} \frac{1}{\bar\psi^{an}(\mathfrak{p})}, & \text{falls } \chi \neq 1, \\ (1 - \psi^a(\mathfrak{p})p^{-ul})(1 - \bar\psi^{-a}(\mathfrak{p})p^{ul-1}), & \text{falls } \chi = 1. \end{cases}$$

Insgesamt erhalten wir nach Mazur, Tate und Teitelbaum (vgl. [MTT86, §14])

$$L_p(f, \bar\psi^a(\mathfrak{p}), \eta) \qquad (3.29)$$
$$= \begin{cases} \Omega \cdot \frac{1}{\bar\psi^{an}(\mathfrak{p})} \cdot \frac{p^{nul}}{(-2\pi i)^{ul-1}} \cdot \frac{(ul-1)!}{G(\chi)} \cdot L^{(\infty)}(\bar\psi^a \otimes \chi_{/K}, ul), & \text{falls } \chi \neq 1, \\ -\Omega \cdot (1 - \psi^a(\mathfrak{p})p^{-ul})(1 - \bar\psi^{-a}(\mathfrak{p})p^{ul-1}) \cdot \frac{p^{nul}}{(-2\pi i)^{ul-1}} \cdot (ul-1)! \cdot L^{(\infty)}(\bar\psi^a, ul), & \text{falls } \chi = 1, \end{cases}$$

mit einer von j abhängigen Periode Ω.

Andererseits können wir die Interpolationsformel von de Shalit [dS87, II. 4.16] auf die Hecke-L-Funktion

$$L(\psi^a \cdot \chi_{/K}, ul) \stackrel{\psi(\bar{\mathfrak{p}}) = \bar\psi(\mathfrak{p})}{=} L(\bar\psi^a \cdot \chi_{/K}, ul) \stackrel{\psi\bar\psi = \mathcal{N}^u}{=} L(\psi^{-l}\bar\psi^{a-l} \cdot \chi_{/K}, 0)$$

anwenden, da der Größencharakter $\psi^{-l}\bar\psi^{a-l}$ vom Unendlichtyp $(-ul, ua - ul)$ ist, also der Bedingung $0 \leq ua - ul < ul$ genügt. Es ergibt sich für ein festes ganzes Ideal $\mathfrak{g}$ von $\mathcal{O}_K$ mit $(\mathfrak{g}, p) = 1$ das folgende Resultat:

$$\Omega_p^{-ua} \int_{\mathcal{G}(\mathfrak{g})} \psi^l \bar\psi^{l-a} \chi_{/K}^{-1} d\mu_{\mathrm{dS}}$$
$$= \begin{cases} \Omega'^{-ua} \left(\frac{\sqrt{d_K}}{2\pi}\right)^{ul-ua} \cdot G(\psi^l \bar\psi^{l-a} \chi_{/K}^{-1}) \cdot L^{(\mathfrak{g})}(\psi^{-l}\bar\psi^{a-l} \cdot \chi_{/K}, 0), & \text{falls } \chi \neq 1, \\ \Omega'^{-ua} \left(\frac{\sqrt{d_K}}{2\pi}\right)^{ul-ua} \cdot G(\psi^l \bar\psi^{l-a}) \cdot (1 - \bar\psi^{-a}(\mathfrak{p})p^{ul-1}) \cdot L^{(\mathfrak{g})}(\psi^{-l}\bar\psi^{a-l}, 0), & \text{falls } \chi = 1, \end{cases}$$

mit einer geeigneten p-adischen Periode Ω_p und einer geeigneten komplexen Periode Ω'. Hierbei ist die Pseudo-Gaußsumme $G(\psi^l \bar\psi^{l-a} \chi_{/K}^{-1})$ wie in §3.1.3 definiert, $\mathcal{G}(\mathfrak{g}) = \mathrm{Gal}(K^{\mathfrak{g}\mathfrak{p}^\infty}/K)$ und $d\mu_{\mathrm{dS}}$ das eindeutig bestimmte Maß auf $\mathcal{G}(\mathfrak{g})$ aus Satz 3.6. Der Gamma-Faktor von $L^{(\infty)}(\psi^{-l}\bar\psi^{a-l} \cdot \chi_{/K}, 0)$ berechnet sich wegen $-ul < 0$ und $ua - ul \geq 0$ wie folgt:

$$\frac{\Gamma(0 - \min(-ul, ua - ul))}{(2\pi)^{0 - \min(-ul, ua - ul)}} = \frac{\Gamma(ul)}{(2\pi)^{ul}} = \frac{(ul-1)!}{(2\pi)^{ul}}.$$

3.3. P-ADISCHE INTERPOLATION MITTELS THETA-REIHEN 75

Unter Betrachtung von $\psi\bar\psi = \mathcal{N}^u$ können wir es weiter wie folgt schreiben:

$$\Omega_p^{-ua} \int_{\mathcal{G}(\mathfrak{g})} \psi^l \bar\psi^{l-a} \chi_{/K}^{-1} \, d\mu_{\mathrm{ds}} \qquad (3.30)$$

$$= \begin{cases} \Omega'^{-ua} \left(\frac{\sqrt{d_K}}{2\pi}\right)^{ul-ua} \cdot G(\psi^l\bar\psi^{l-a}\chi_{/K}^{-1}) \cdot \frac{(ul-1)!}{(2\pi)^{ul}} \cdot \left(1 - \frac{\bar\psi^a(\mathfrak{g})\chi(\mathcal{N}_{K/\mathbb{Q}}(\mathfrak{g}))}{\mathcal{N}(\mathfrak{g})^{ul}}\right) \cdot \\ \cdot L^{(\infty)}(\bar\psi^a \otimes \chi_{/K}, ul), & \text{falls } \chi \ne 1, \\[1em] \Omega'^{-ua} \left(\frac{\sqrt{d_K}}{2\pi}\right)^{ul-ua} \cdot \frac{(ul-1)!}{(2\pi)^{ul}} \cdot \\ G(\psi^l\bar\psi^{l-a}) \cdot (1 - \bar\psi^{-a}(\mathfrak{p})p^{ul-1}) \cdot (1 - \psi^a(\mathfrak{p})p^{-ul}) \cdot \left(1 - \frac{\bar\psi^a(\mathfrak{g})\chi(\mathcal{N}_{K/\mathbb{Q}}(\mathfrak{g}))}{\mathcal{N}(\mathfrak{g})^{ul}}\right) \cdot \\ \cdot L^{(\infty)}(\bar\psi^a, ul), & \text{falls } \chi = 1. \end{cases}$$

Um einen näheren Vergleich zwischen (3.29) und (3.30) zu gestatten, ziehen wir die Pseudo-Gaußsumme $G(\psi^l\bar\psi^{l-a}\chi_{/K}^{-1})$ in Betracht. Aufgrund der Unverzweigtheit von ψ bei $\mathfrak{p}$ und $\mathfrak{f}_\chi = p^n$ ist im Fall $\chi \ne 1$ die genaue $\mathfrak{p}$-Potenz im Führer von $\psi^l\bar\psi^{l-a}\chi_{/K}^{-1}$ gleich $\mathfrak{p}^n$. So berechnet sich laut Definition 3.5 die Pseudo-Gaußsumme wie folgt:

$$\begin{aligned} G(\psi^l\bar\psi^{l-a}\chi_{/K}^{-1}) &= \frac{\mathcal{N}^{ul}(\mathfrak{p}^n)\bar\psi^{-a}(\mathfrak{p}^n)}{p^n} \cdot \sum_{\nu \in \mathcal{S}} \chi_{/K}(\nu)(\zeta_{p^n}^\nu)^{-1} \\ &= \frac{p^{unl}}{\bar\psi^a(\mathfrak{p}^n)p^n} \cdot \sum_{\nu \in \mathcal{S}} \chi_{/K}(\nu)\zeta_{p^n}^{-\nu} \\ &= \frac{p^{n(ul-1)}}{\bar\psi^{an}(\mathfrak{p})} \cdot G(\chi^{-1}). \end{aligned} \qquad (3.31)$$

Andererseits gilt bekanntlich

$$\frac{1}{G(\chi)} = \frac{\chi(-1)G(\chi^{-1})}{p^n}. \qquad (3.32)$$

Des Weiteren wählen wir $\mathfrak{g} = \bar{\mathfrak{p}}$, da dies der Bedingung $(\mathfrak{g}, \mathfrak{p})$ genügt. Dann verschwindet der Teil $\frac{\bar\psi^a(\mathfrak{g})\chi(\mathcal{N}_{K/\mathbb{Q}}(\mathfrak{g}))}{\mathcal{N}(\mathfrak{g})^{ul}}$ in (3.30), da der Führer von χ p-Potenz ist.

(3.32) und (3.31) jeweils in (3.29) und (3.30) eingesetzt liefern nun einmal das Interpolationsergebnis à la Mazur, Tate und Teitelbaum

$$L_p(f, \bar{\psi}^a(\mathfrak{p}), \eta) \tag{3.33}$$
$$= \int_{\mathbb{Z}_p^\times} x^{ul-1}\chi(x)^{-1}\, d\mu_{f,\bar{\psi}^a(\mathfrak{p})}(x)$$
$$= \int_{\mathbb{Z}_p^\times} \chi(x)^{-1}\langle x\rangle\, d\tilde{\mu}_{\mathrm{MMT}}(x)$$
$$= \begin{cases} \Omega \cdot \chi(-1) \cdot i^{ul-1} \cdot \left(\frac{p^n}{2\pi}\right)^{ul-1} \cdot \frac{(ul-1)!}{\bar{\psi}^{an(\mathfrak{p})}} \cdot G(\chi^{-1}) \cdot L^{(\infty)}(\bar{\psi}^a \otimes \chi_{/K}, ul), & \text{falls } \chi \neq 1, \\ -\Omega \cdot i^{ul-1} \cdot \left(\frac{p^n}{2\pi}\right)^{ul-1} \cdot (ul-1)! \cdot (1 - \psi^a(\mathfrak{p})p^{-ul})(1 - \bar{\psi}^{-a}(\mathfrak{p})p^{ul-1}) \cdot \\ \cdot L^{(\infty)}(\bar{\psi}^a, ul), & \text{falls } \chi = 1, \end{cases}$$

wobei das Maß $d\tilde{\mu}_{\mathrm{MMT}}$ eine geeignete Modifikation von dem ursprünglichen Maß $d\mu_{f,\bar{\psi}^a(\mathfrak{p})}$ ist; und einmal haben wir à la de Shalit

$$\Omega_p^{-ua} \int_{\mathcal{G}(\mathfrak{g})} \psi^l \bar{\psi}^{l-a} \chi_{/K}^{-1} d\mu_{\mathrm{dS}} \tag{3.34}$$
$$= \Omega_p^{-ua} \int_{\mathrm{Gal}(\mathbb{Q}(\mu_{p^\infty})/\mathbb{Q})} \chi(x)^{-1}\langle x\rangle\, d\tilde{\mu}_{\mathrm{dS}}(x)$$
$$= \begin{cases} \Omega'^{-ua} \left(\frac{\sqrt{d_K}}{2\pi}\right)^{ul-ua} \cdot \frac{1}{2\pi} \cdot \left(\frac{p^n}{2\pi}\right)^{ul-1} \cdot \frac{(ul-1)!}{\bar{\psi}^{an(\mathfrak{p})}} \cdot G(\chi^{-1}) \cdot L^{(\infty)}(\bar{\psi}^a \otimes \chi_{/K}, ul), \\ \hspace{10cm} \text{falls } \chi \neq 1, \\ -\Omega'^{-ua} \left(\frac{\sqrt{d_K}}{2\pi}\right)^{ul-ua} \cdot \frac{1}{2\pi} \cdot \left(\frac{p^n}{2\pi}\right)^{ul-1} \cdot (ul-1)! \cdot (1 - \psi^a(\mathfrak{p})p^{-ul})(1 - \bar{\psi}^{-a}(\mathfrak{p})p^{ul-1}) \cdot \\ \cdot L^{(\infty)}(\bar{\psi}^a, ul), \\ \hspace{10cm} \text{falls } \chi = 1, \end{cases}$$

wobei $d\tilde{\mu}_{\mathrm{dS}}$, wie wir in §3.1.5 schon gesehen haben, eine geeignete Modifikation von $d\mu_{\mathrm{dS}}$ auf $\mathrm{Gal}(\mathbb{Q}(\mu_{p^\infty})/\mathbb{Q}) \cong \mathbb{Z}_p^\times$ ist.

Wie wir sofort sehen, besitzen die Interpolationsformel (3.33) und die Interpolationsformel (3.34) die gleichen Faktoren $\left(\frac{p^n}{2\pi}\right)^{ul-1} \cdot (ul-1)! \cdot (1 - \psi^a(\mathfrak{p})p^{-ul})(1 - \bar{\psi}^{-a}(\mathfrak{p})p^{ul-1})$ im Fall χ nichttrivial, und $\left(\frac{p^n}{2\pi}\right)^{ul-1} \cdot (ul-1)! \cdot (1 - \psi^a(\mathfrak{p})p^{-ul})(1 - \bar{\psi}^{-a}(\mathfrak{p})p^{ul-1})$ im Fall χ trivial. Dies suggeriert, dass die beiden Interpolationsverfahren zum selben Ergebnis führen. In der Tat, da die Periode Ω von $ul = j+1$ abhängt, können wir sie durch Multiplikation einer geeigneten Konstanten so modifizieren, dass die Interpolationsformeln (3.33) und (3.34) übereinstimmen. Und weil diese Gleichheit für alle endlichen Charaktere χ mit p-Potenz-Führer gilt, können wir schließlich die folgende Bemerkung formulieren:

Bemerkung. Unter den selben Voraussetzungen wie am Anfang dieses Abschnitts gibt es eine Konstante $c \in \overline{\mathbb{Q}}_p^\times$, sodass es gilt: $d\tilde{\mu}_{\mathrm{MMT}} = c\, d\tilde{\mu}_{\mathrm{dS}}$. Die p-adische Interpolation nach Mazur, Tate, Teitelbaum und die p-adische Interpolation nach de Shalit stimmen also bis auf die Modifikationen im Wesentlichen überein.

Symbolverzeichnis

$\mathbb{A}$	Adelring von $\mathbb{Q}$
$\mathbb{C}_p$	Komplettierung von $\overline{\mathbb{Q}}_p$
α_f	Idel mit α an endlichen Stellen und Einsen an unendlichen Stellen
$-d_K$	Diskriminante eines Zahlkörpers K
E	eine elliptische Kurve
$\hat{E}$	zu E assoziierte formale Gruppe
$j(E)$	j-Invariante von E
N	Führer der elliptischen Kurve $E/\mathbb{Q}$
$\text{Sym}^2 E$	symmetrisches Quadrat zu E
I_F	Idelgruppe des Zahlkörpers F
J_F	Idealgruppe des Zahlkörpers F
P_F	Gruppe der gebrochenen Hauptideale des Zahlkörpers F
Frob_v	Frobeniusautomorphismus bzgl. v
$\psi_{E/K}$	zu E/K assoziierter Größencharakter
$\mathfrak{f}_E$	Führer von $\psi_{E/K}$
$\psi_{E/K}^a \bar{\psi}_{E/K}^b$	primitiver Größencharakter zum Produkt $\psi_{E/K}^a \bar{\psi}_{E/K}^b$
ψ_0	Normierung eines Größencharakters ψ
$\mathcal{N}$	absolute Idealnorm bzw. Idelnorm
$\sigma_{\mathfrak{a}}$	Artinsymbol eines Ideals $\mathfrak{a} \triangleleft \mathcal{O}_K$ bzgl. einer abelschen Erweiterung F/K
$[x, F/K]$	Normrestsymbol eines Idels x bzgl. einer abelschen Erweiterung F/K
$\widehat{G}$	Charaktergruppe einer Gruppe G
$A[l^n]$	Gruppe der l^n-Torsionspunkte auf einer abelschen Varietät A
$T_l(A)$	l-adischer Tate-Modul einer abelschen Varietät A
$V_l(A)$	$T_l(A) \otimes_{\mathbb{Z}_l} \mathbb{Q}_l$, rationaler l-adischer Tate-Modul einer abelschen Varietät A
$\mathbb{G}_m$	multiplikative Gruppe
$T_l(\mu)$	l-adischer Tate-Modul von $\mathbb{G}_m$
$V_l(\mu)$	$T_l(\mu) \otimes_{\mathbb{Z}_l} \mathbb{Q}_l$, rationaler l-adischer Tate-Modul von $\mathbb{G}_m$
$\Lambda(G)$	Iwasawa-Algebra einer proendlichen Gruppe G
ε_θ	orthogonale Idempotente
G_K	Galoisgruppe $\text{Gal}(\overline{\mathbb{Q}}/K)$
$G_\mathbb{Q}$	Galoisgruppe $\text{Gal}(\overline{\mathbb{Q}}/\mathbb{Q})$
$\text{Ind}_{G_K}^{G_\mathbb{Q}} \rho$	von einer Darstellung ρ von G_K induzierte Darstellung von $G_\mathbb{Q}$
$W_\mathbb{C}$	Weilgruppe von $\mathbb{C}$

$W_{\mathbb{R}}$	Weilgruppe von $\mathbb{R}$
$\rho_{E,\infty}$	zu $E/\mathbb{Q}$ gehörige Darstellung von $W_{\mathbb{R}}$
$\rho_{\psi_{E/K},\infty}$	zu $\psi_{E/K}$ gehörige Darstellung von $W_{\mathbb{C}}$
τ	komplexe Konjugation
$C_{\mathbb{Q}}$	Idelklassengruppe
$C_{\mathbb{Q}}^{p^n}$	Kongruenzuntergruppe modulo p^n in $C_{\mathbb{Q}}$
Ω	komplexe Periode
Ω_p	p-adische Periode
$K(\mathfrak{f})$	Strahlklassenkörper $K^{\mathfrak{f}\mathfrak{p}^\infty}$
$\mathcal{G}(\mathfrak{f})$	Galoisgruppe $\mathrm{Gal}(K^{\mathfrak{f}\mathfrak{p}^\infty}/K)$
Δ	Gruppe der $(p-1)$-ten Einheitswurzeln
ω	Teichmüller-Charakter
$G(\varepsilon)$	Gaußsumme bzw. Pseudo-Gaußsumme eines Charakters ε
$L_{p,\mathfrak{b}}(\varepsilon)$	das p-adische Integral $\int_{\mathcal{G}(\mathfrak{h})} \varepsilon^{-1}(\sigma) d\mu(\mathfrak{h};\sigma)$
$\widehat{G}$	Charaktergruppe einer Galoisgruppe G
$e_{p^n}(\,\cdot\,,\cdot\,)$	Weil-Paarung
W	Artinsche Wurzelzahl
$W^{p-\mathrm{adic}}$	eine p-adische Einheits in der p-adischen Funktionalgleichung
$\Theta_k(\xi,z)$	Hecke-Theta-Reihe vom Gewicht k zum Größencharakter ξ
$d\mu_f$	Mazur-Maß zur Modulform f

Index

L-Funktion
    motivische, 22
    zu Θ-Reihe, 70
l-adische étale Kohomologie, 18
p-adischer Interpolation, 57

abelsche Erweiterung, 12
analytischer Isomorphismus, 11, 12
Artinsymbol, 14, 47

Charakter
    spezieller, 72
    Teichmüller-, 27
    von erster Art, 24
    von zweiter Art, 24
    zyklotomischer, 18

Distribution
    p-adische, 23

Einheitswurzel, 12

Führer
    der elliptischen Kurve, 43
    des Größencharakters, 8
Frobenius
    arithmetischer, 20
    geometrischer, 20
Frobeniusendomorphismus, 14
Funktionalgleichung
    p-adische, 67
    komplexe, 44
    motivische, 45

Galoisdarstellung
    strikt kompatibles System, 18
Gamma-Faktor, 22, 43
Gaußsumme, 56

Pseudo-, 56
Gelbart-Jacquet-Lift, 3, 28
Größencharakter
    arithmetischer, 9
    eines Zahlkörpers, 8
    primitiver, 41
    zu E/F assoziierter, 13

Hecke-L-Funktion
    vollständige, 44
Hecke-Theta-Reihe, 70
Hilbertklassenkörper, 12

Idempotente
    orthogonale, 24
Iwasawa-Algebra, 24

j-Invariante, 12

Kohomologie
    l-adische Kohomologie, 21
    Betti-Kohomologie, 21
    de-Rham-Kohomologie, 21
komplexe Multiplikation
    Hauptsatz der CM, 11
kritische Werte, 46

Maß
    p-adisches, 23
    Mazur-, 71
Motiv, 21
    das duale, 21
    Tate-, 21
Multiplikation mit s, 10, 12

Normgruppe zum Strahlklassenkörper, 50
Normrestsymbol, 29

Periode
    p-adische, 46
    komplexe, 46
Pseudoideal, 55

Quaternionengruppe, 37

Rankin-Selberg-Faltung, 3, 28

Symmetrisches Quadrat, 20

Tate-Modul einer abelschen Varietät, 18
Tate-Twist
    einer Galoisdarstellung, 19
    eines Motivs, 22
Torsionsuntergruppe, 12

unverzweigt
    bei $\mathfrak{P}$, 13

Weil-Paarung, 45
Weilgruppe
    von $\mathbb{C}$, 32
    von $\mathbb{R}$, 32
Wurzelzahl
    p-adische, 67
    Artinsche, 66

zulässige p-Wurzel, 72

Literaturverzeichnis

[BCDT01] C. Breuil, B. Conrad, F. Diamond, and R. Taylor. On the modularity of elliptic curves over $\mathbb{Q}$. *Journal of the American Mathematical Society*, **14** (4):843–939, 2001.

[BD07] M. Bertolini and H. Darmon. The p-adic L-functions of modular elliptic curves. 2007.

[Bum97] D. Bump. *Automorphic Forms and Representations*. Cambridge Studies in Advanced Mathematics **55**. Cambridge University Press, 1997.

[Car83] H. Carayol. Sur les representations l-adiques attachées aux formes modulaires de Hilbert. *Comptes Rendus de l'Académie des Sciences. Série I. Mathématique*, **296**:629–632, 1983.

[Coa84] J. Coates. Elliptic Curves and Iwasawa Theory. *Modular Forms, R. A. Rankin (Editor), Chichester-New York*, 1984.

[CS87] J. Coates and C.-G. Schmidt. Iwasawa theory for the symmetric square of an elliptic curve. *Journal für die reine und angewandte Mathematik*, **375/376**:104–156, 1987.

[Dam70] R. M. Damerell. L-functions of elliptic curves with complex multiplication I, II. *Acta Arithmetica*, **XVII**, 1970.

[Del70] P. Deligne. Les constantes des équations fonctionnelles. *Séminaire Delange-Pisot-Poitou*, **19**:16–28, 1969/1970.

[Del73] P. Deligne. Les constantes des équations fonctionnelles des fonctions L. *Lecture Notes in Mathematics*, **349**:501–597, 1973.

[Del74] P. Deligne. Les conjectures de Weil I. *Publications Mathématiques de l'I.H.É.S.*, **43**:273–300, 1974.

[Del79] P. Deligne. Valeurs de fonctions L et périodes d'intégrales. *Proceedings of Symposia in Pure Mathematics*, **33**, part 2:313–346, 1979.

[Del80] P. Deligne. Les conjectures de Weil II. *Publications Mathématiques de l'I.H.É.S.*, **52**:137–252, 1980.

[Deu53]   M. Deuring. Die Zeta-Funktion einer algebraischen Kurve vom Geschlecht Eins, I. *Nachrichten der Akademie der Wissenschaften in Göttingen*, Math.-Phys. Kl. Math.-Phys.-Chem. Abt.:85–94, 1953.

[DOM89]   P. Deligne, A. Ogus, and J. S. Milne. *Hodge Cycles, Motives, and Shimura Varieties*. Springer-Verlag Berlin Heidelberg, 1989.

[dS87]   E. de Shalit. *Iwasawa Theory of Elliptic Curves with Complex Multiplication*. Academic Press, 1987.

[GJ76]   S. Gelbart and H. Jacquet. A relation between automorphic forms on $GL(2)$ and $GL(3)$. *Proceedings of the National Academy of Sciences*, **73**, No. **10**:3348–3350, 1976.

[Gro01]   A. Grothendieck. Letter to J. P. Serre. *Correspondance Grothendieck-Serre, Documents Mathématiques*, Société Mathématique de France, 2001.

[HS85]   G. Harder and N. Schappacher. Special values of Hecke L-functions and abelian integrals. *Proceedings of the meeting held by the Max-Planck-Institut für Mathematik, Bonn June 15-22, Lecture Notes in Mathematics*, **1111**:17–49, 1985.

[Jan09]   F. Januszewski. *p-adische Rankin-Selberg-Faltungen*. Universitätsverlag Karlsruhe, 2009.

[JPSS83]   H. Jacquet, I. Piatetski-Shapiro, and J. Shalika. Rankin-Selberg convolutions. *American Journal of Mathematics*, **105**:367–464, 1983.

[Kat76]   N. M. Katz. p-adic interpolation of real analytic Eisenstein series. *Annals of Mathematics*, **81**, No. **3**:459–571, 1976.

[KMS00]   D. Kazdan, B. Mazur, and C.-G. Schmidt. Relative modular symbols and Rankin-Selberg convolutions. *Journal für die Reine und Angewandte Mathematik*, **512**:97–141, 2000.

[Köh10]   G. Köhler. *Eta Products and Theta Series Identities*. Springer Monographs in Mathematics. Springer, 2010.

[Miy89]   T. Miyake. *Modular Forms*. Monographs in Mathematics, Springer, 1989.

[MSD74]   B. Mazur and P. Swinnerton-Dyer. Arithmetic of Weil Curves. *Inventiones mathematicae*, **25**:1–62, 1974.

[MTT86]   B. Mazur, J. Tate, and J. Teitelbaum. On p-adic analogues of the conjectures of Birch and Swinnerton-Dyer. *Inventiones mathematicae*, **84**:1–48, 1986.

[MV74]   Ju. I. Manin and S. Vishik. Eine neue Art von Zetafunktionen und ihre Beziehungen zur Verteilung der Primzahlen, Zweite Mitteiung. *Mathematische Zeitschrift*, **95**(137) No. **3**(11):11–51, 1974.

LITERATURVERZEICHNIS

[Neu92] J. Neukirch. *Algebraische Zahlentheorie.* Springer, 1992.

[Rub99] K. Rubin. Elliptic curves with complex multiplication and the conjecture of Birch and Swinnerton-Dyer. *Arithmetic Theory of elliptic curves, Lecture Notes in Mathematics,* **1716**, 1999.

[Sch84] C.-G. Schmidt. *Arithmetic Abelscher Varietäten mit komplexer Multiplikation.* Lecture Notes in Mathematics **1082**. 1984.

[Sch93] C.-G. Schmidt. Relative modular symbols and p-adic Rankin-Selberg convolutions. *Inventiones mathematicae,* **112**:31–76, 1993.

[Ser68] J.-P. Serre. *Abelian l-adic Representations and Elliptic Curves.* Benjamin, 1968.

[Ser70] J.-P. Serre. Facteur locaux des fonctions zêta des variétés algébriques. *Séminaire Delange-Pisot-Poitou,* **19**:1–15, 1969/1970.

[Ser72] J. P. Serre. Propriétés galoisiennes des points d'ordre fini des courbes elliptiques. *Inventiones mathematicae,* **15**:259–333, 1972.

[Ser77] J.-P. Serre. *Linear Representations of Finite Groups.* Graduate Texts in Mathematics **42**. Springer, 1977.

[Shi71] G. Shimura. *Introduction to the Arithmetic Theory of Automorphic Functions.* Princeton University Press, 1971.

[Sil86] J. Silverman. *The Arithmetic of Elliptic Curves.* Graduate Texts in Mathematics **106**, Springer, 1986.

[Sil94] J. Silverman. *Advanced Topics in the Arithmetic of Elliptic curves.* Graduate Texts in Mathematics **151**, Springer, 1994.

[ST68] J. P. Serre and J. Tate. Good Reduction of Abelian Varieties. *Annals of Mathematics,* **88**:492–517, 1968.

[Tat79] J. Tate. Number Theoretic Background. *Proceedings of Symposia in Pure Mathematics,* **33**, part 2:3–26, 1979.

[Wei55] A. Weil. On a certain type of characters of the idéle-class group of an algebraic number field. *Proceedings of the International Symposium on Algebraic Number Theory, Tokyo,* :1–7, **1955**.

[Wei67] A. Weil. *Basic Number Theory.* Die Grundlehren der mathematischen Wissenschaften in Einzeldarstellungen mit besonderer Berücksichtigung der Anwendungsgebiete **144**, Springer, 1967.

[Wei86] A. Weil. *Basic Number Theory.* Die Grundlehren der mathematischen Wissenschaften **144**, Springer, 1986.

[Wil95]   A. Wiles. Modular Elliptic Curves and Fermat's Last Theorem. *Annals of Mathematics*, **141**, 1995.

[Yag82]   R. Yager. On Two Variable p-adic L-functions. *Annals of Mathematics*, **115**:411–449, 1982.

[Zha08]   J. Zhao. Über die Vermutung von Birch und Swinnerton-Dyer. *Diplomarbeit*, 2008.

I want morebooks!

Buy your books fast and straightforward online - at one of the world's fastest growing online book stores! Environmentally sound due to Print-on-Demand technologies.

Buy your books online at
www.get-morebooks.com

Kaufen Sie Ihre Bücher schnell und unkompliziert online – auf einer der am schnellsten wachsenden Buchhandelsplattformen weltweit! Dank Print-On-Demand umwelt- und ressourcenschonend produziert.

Bücher schneller online kaufen
www.morebooks.de

OmniScriptum Marketing DEU GmbH
Heinrich-Böcking-Str. 6-8
D - 66121 Saarbrücken

Telefax: +49 681 93 81 567-9

info@omniscriptum.de
www.omniscriptum.de

Printed by Books on Demand GmbH, Norderstedt / Germany